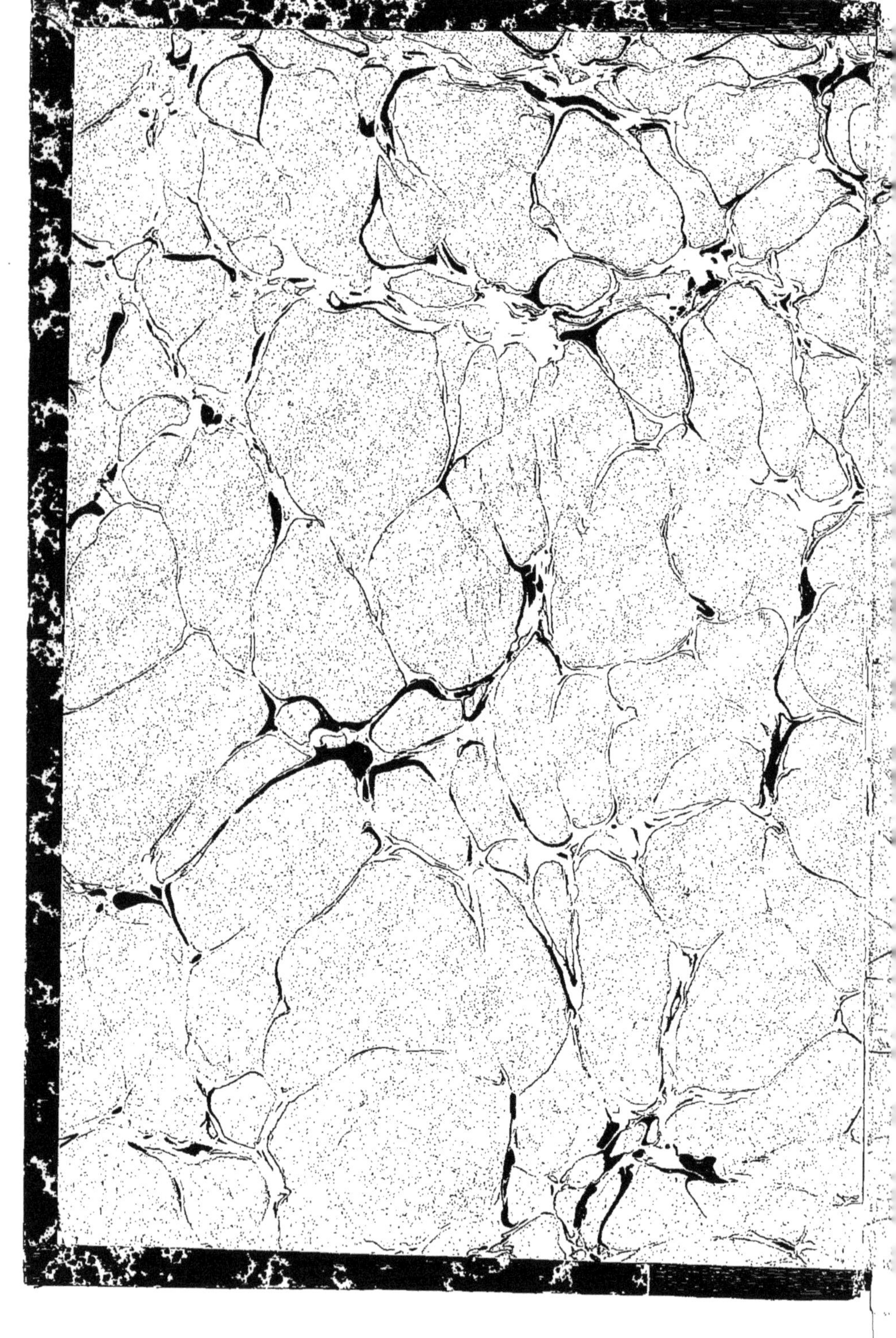

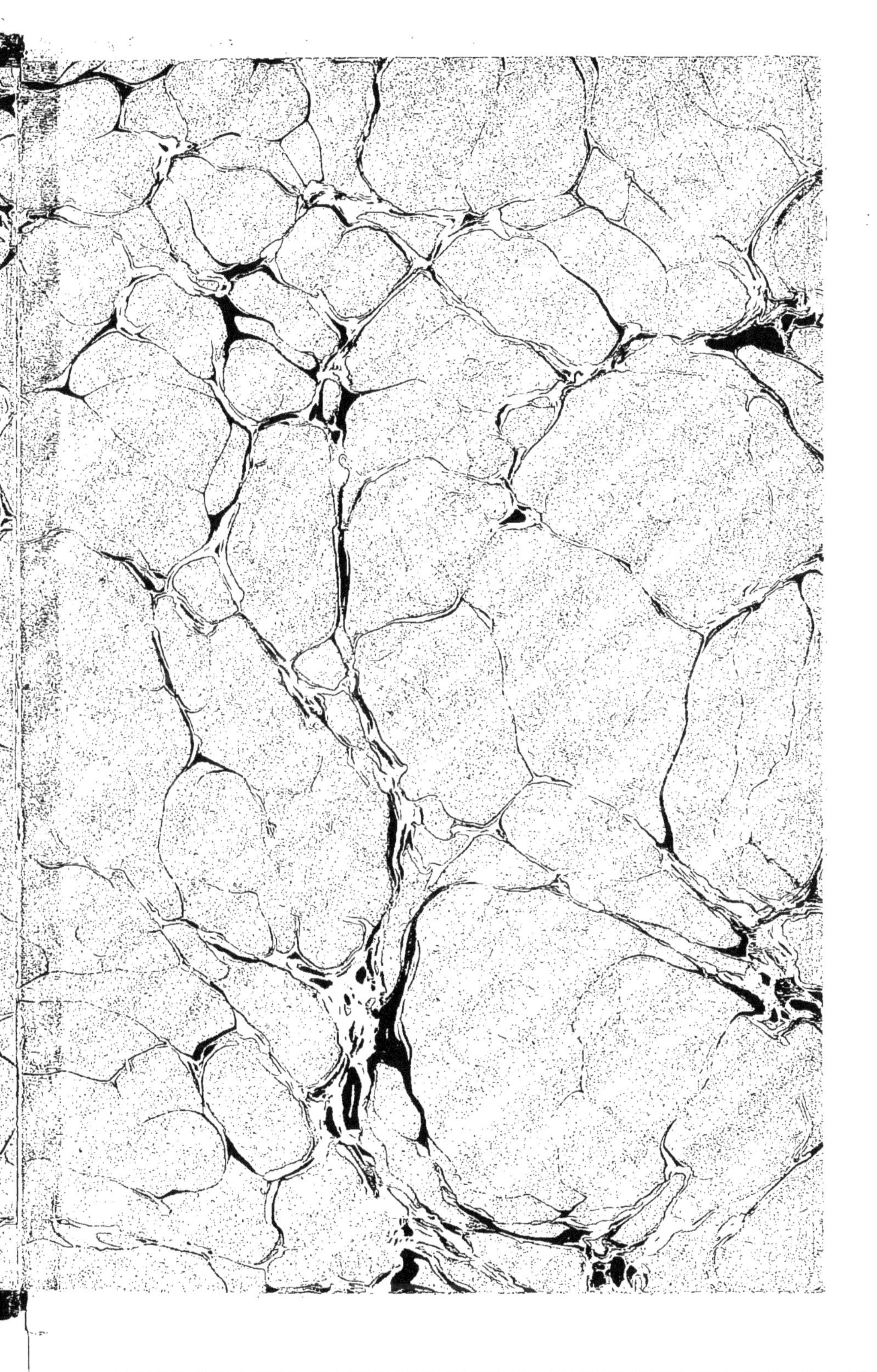

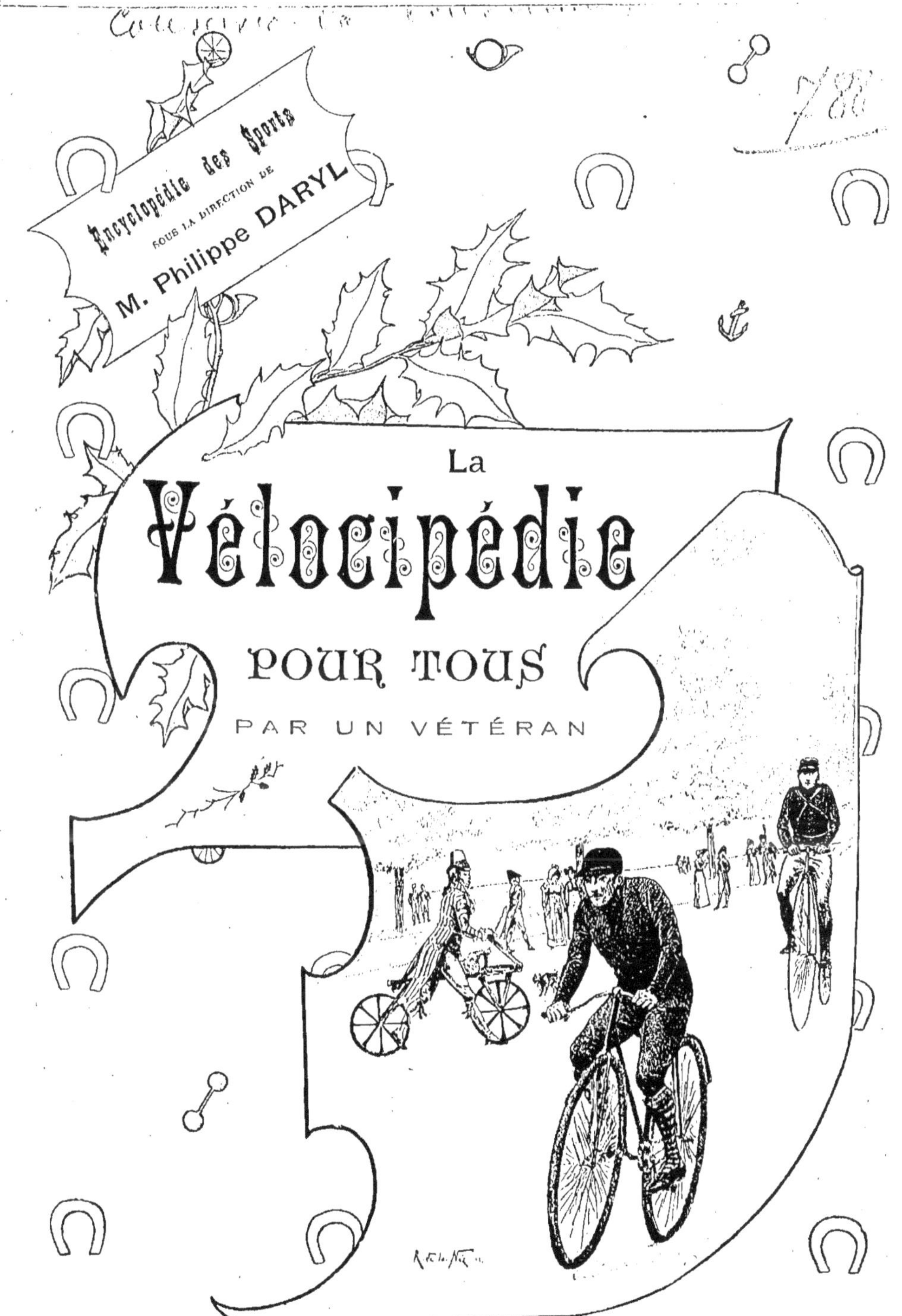

PARIS
LIBRAIRIES-IMPRIMERIES RÉUNIES

LA

VÉLOCIPÉDIE

POUR TOUS

ENCYCLOPÉDIE DES SPORTS

SOUS LA DIRECTION DE

M. PHILIPPE DARYL

LA VÉLOCIPÉDIE POUR TOUS

PAR UN VÉTÉRAN

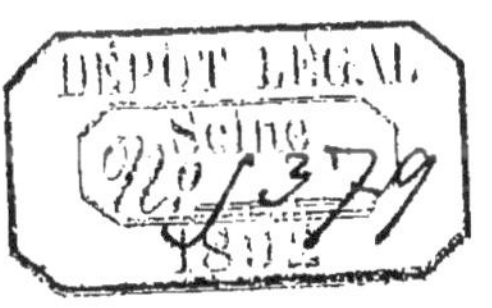

PARIS
LIBRAIRIES-IMPRIMERIES RÉUNIES
7, rue Saint-Benoît
MAY ET MOTTEROZ, Directeurs

1892

LA

VÉLOCIPÉDIE POUR TOUS

CHAPITRE PREMIER

HISTORIQUE

Le chariot d'Ozanam (1).

Ce serait une erreur de croire que l'idée de se transporter à l'aide d'une machine actionnée par la force seule de l'homme soit absolument moderne.

Il faut remonter très loin pour en trouver des traces et il serait impossible d'en préciser l'origine d'une façon exacte.

La première application dont on ait le souvenir dans cet ordre d'idées est la voiture méca-

(1) Cette gravure documentaire, ainsi qu'une douzaine d'autres, est empruntée à l'excellente *Histoire de la Vélocipédie* (Paris, Ollendorff, 1891)

nique décrite en 1603 par Ozanam, membre de l'Académie des sciences, voiture montée sur quatre roues, et actionnée par deux pédales.

L'inventeur était un médecin de la Rochelle nommé Richard; sa machine fonctionna à Paris pendant plusieurs années.

En 1703, Stephen Tarfers d'Aldorft construisit un char à trois roues, actionné par des rouages, et qu'il manœuvrait lui-même.

Célérifère français (1816).

En 1774, l'*Universal Gazette* donna la description d'une voiture à quatre roues mise en mouvement par deux hommes.

En 1779, en France, on vit à la cour de Versailles une machine mue par des ressorts que les pieds et les mains mettaient en action. Cette machine fut abandonnée par suite de la dépense excessive de forces qu'elle exigeait.

La draisienne.

Vers 1770, l'aéronaute Blanchard fit aussi quelques essais dans ce genre.

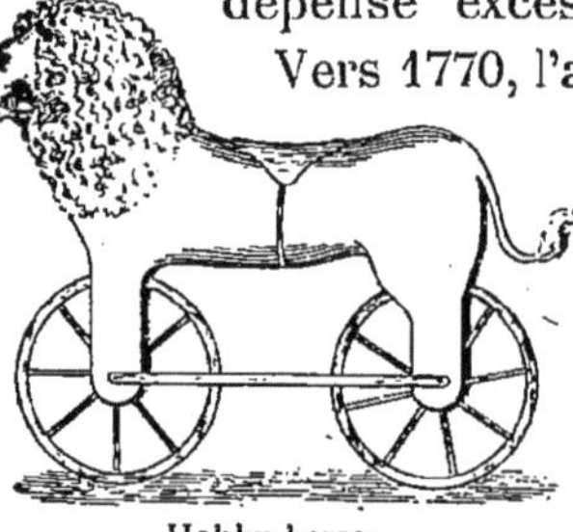

Hobby-horse.

En 1816, le baron Drais de Savesbrun inventa une machine composée de deux roues égales réunies par un corps en bois sur lequel le cavalier se plaçait à califourchon. Il mettait la machine en mouvement en poussant alternativement le sol qu'il touchait de la pointe des pieds. La direction se faisait à

de M. Baudry de Saunier, qui a bien voulu nous autoriser gracieusement à les reproduire. Nous sommes heureux de l'en remercier ici et de renvoyer à son livre les lecteurs qui voudraient avoir sur l'historique du cyclisme des détails plus complets.

l'aide d'un guidon. Cette machine fut appelée *draisienne* du nom de son inventeur. On lui donne aussi le nom de *célérifère.*

Ces machines eurent un moment de grande vogue et une estampe de 1818 a perpétué le souvenir d'une course de draisiennes au jardin du Luxembourg; mais elles furent bientôt délaissées par suite des moqueries qu'elles suscitaient et de leur manque absolu d'utilité pratique.

Hobby-horse.

En 1830, la Poste et plusieurs autres administrations firent quelques essais nouveaux, mais sans succès, et l'idée fut définitivement abandonnée pour longtemps.

Enfin, en 1855, M. Pierre Michaux, serrurier en voitures, à qui une draisienne avait été confiée en réparation, eut l'idée d'adapter au moyeu de la roue de devant des manivelles coudées munies de pédales, afin de permettre d'actionner la machine sans mettre pied à terre.

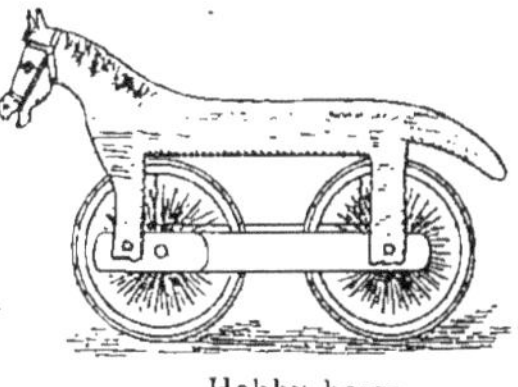

Hobby-horse.

Un de ses fils parvint, à la suite de nombreux essais, à se tenir en équilibre sur cette machine et à la faire marcher. Cette fois le vélocipède était inventé.

Toutes les machines antérieures étaient en effet de simples essais curieux, mais non pratiques, et c'est bien l'application de la pédale qui a inauguré le vélocipède moderne et provoqué l'essor qui a suivi dans cette branche d'industrie et de sport. Le vélocipède est donc bien une invention française; c'est un honneur que personne ne saurait contester à notre pays.

Bientôt ce nouveau mode de locomotion, peu à peu perfectionné, fit de grands progrès. En 1866, le bois fut remplacé dans la construction des vélocipèdes par la fonte malléable; vers 1867, le bicycle, qui fut le premier type de vélocipède, commença à recruter de nombreux adhérents.

Course de draisiennes au Luxembourg
(d'après une estampe de 1818).

En 1869 eut lieu au Pré-Catelan (Bois de Boulogne) une exposition vélocipédique où l'on vit pour la première fois les roues en fil de fer et l'application du caoutchouc aux jantes.

Cette dernière innovation rencontra des objections qui tombèrent à la suite de la course de Paris à Rouen, en novembre 1869, où les trois premiers avaient des roues munies de caoutchouc et qui n'avaient éprouvé aucune avarie sérieuse.

En 1870, les roues en fil de fer remplacèrent définitivement les roues en bois, et les bicycles, qui mesuraient 1 mètre à 1^m,10, diminuèrent sensiblement de poids.

En 1884, après le retour d'Angleterre de M. Charles Thuillier, champion français, les roues des bicycles furent sensiblement augmentées en diamètre, comme cela avait été fait en Angleterre depuis plusieurs années.

En 1870-71, l'essor considérable pris déjà par les vélocipèdes en France fut arrêté par les événements funestes qui marquèrent cette période, et pendant plusieurs années il n'en fut plus question.

Pendant ce temps la vélocipédie avait beaucoup progressé en Angleterre; nos voisins avaient monopolisé l'industrie et le sport que la France délaissait.

Vers 1874, un réveil se fit chez nous et la vélocipédie reparut.

En 1875, M. Truffault de Tours employa dans la construction des vélocipèdes les jantes, les fourches et les corps creux, ce qui permit d'abaisser encore beaucoup le poids des machines. Il construisit en effet un bicycle de 10 kilogrammes, qui résista admirablement à l'emploi sur route.

C'est alors que les fourreaux de sabres de cavalerie furent employés par la plupart des constructeurs pour fabriquer les corps et les fourches de bicycles.

En 1879 apparurent les premiers tricycles pratiques. Tous les modèles établis auparavant laissaient beaucoup à désirer. Cette machine, en mettant la vélocipédie à la portée de tous, contribua largement à l'extension croissante du nouveau sport.

En 1884, on construisit des machines dites bicycles

de sûreté et ayant pour but de diminuer le danger des chutes. Ces machines, après avoir revêtu de nombreuses formes diverses, furent peu à peu abandonnées.

C'est à l'année 1879 que remonte l'apparition de la bicyclette. Par les perfectionnements qu'elle a subis depuis et qui l'ont rendue éminemment pratique, cette machine a détrôné toutes les autres pour devenir d'un emploi quasi universel.

Pendant ce temps, la substitution des coussinets à billes aux coussinets lisses avait supprimé les inconvénients de ces organes, tout en augmentant notablement la douceur des roulements.

Enfin l'invention des nouveaux caoutchoucs est venue apporter une récente révolution, aussi considérable qu'inattendue.

Ainsi qu'on le voit, trente-cinq ans seulement séparent la draisienne à pédales, lourde, disgracieuse et tapageuse de Pierre Michaux, des instruments légers, élégants et silencieux qui sont en usage aujourd'hui. On ne devait pas moins attendre de l'ingéniosité de l'industrie moderne, qui n'a certainement pas dit son dernier mot et qui nous ménage encore sans doute dans cet ordre d'idées de nombreuses surprises.

LES MACHINES

Les machines vélocipédiques sont sujettes à deux sortes de subdivision, selon qu'on les considère au point de vue de leur construction en elle-même, ou de leur application quant au nombre de ceux qui doivent les monter.

Au point de vue de la construction, les machines

peuvent se diviser en deux catégories générales bien distinctes :

Les machines à équilibre instable ;

Les machines à équilibre stable.

Les premières comprennent les machines à une ou à deux roues, sous toutes leurs formes et toutes leurs variétés.

Les secondes comprennent les machines ayant trois roues ou davantage.

Ces deux catégories générales de machines se distinguent par un élément de la première importance.

Dans la première catégorie, les machines ne pouvant se tenir debout toutes seules, puisqu'elles n'ont qu'un ou deux points de contact avec le sol, il est nécessaire de faire un certain apprentissage pour pouvoir les monter, tandis que, dans les machines ayant trois points d'appui ou davantage, l'équilibre se produisant de lui-même, il est possible de monter dessus sans étude préalable.

On voit du premier coup la différence considérable qui existe entre ces deux types de machines.

Le premier exige une certaine étude et quelque peu d'habileté et d'audace, tandis que dans le second il suffit d'un peu d'attention.

Le premier présente un côté légèrement aventureux, voire même quelquefois acrobatique, tandis que le second se distingue par son caractère exempt de fantaisie gymnastique.

Le premier, par son aspect, par sa variété d'allures, par sa mobilité et sa docilité suprêmes, est un instrument de *sport*, tandis que le second, par son assiette fixe et son absence de souplesse, est surtout un instrument de *transport*.

En un mot, et pour rééditer une comparaison qui a été appliquée aux deux instruments qui personnifient le mieux chaque type de machine, le *bicycle* est le *cheval*, tandis que le *tricycle* est la *voiture*.

On voit par là même à quelle catégorie différente d'hommes s'adressent ces deux types principaux.

La machine à deux roues conviendra surtout aux hommes jeunes, adroits et légers, tandis que la machine à plusieurs roues restera le partage principal des hommes d'un fort poids ou à qui l'âge aura enlevé la souplesse et l'audace.

Il y aura naturellement des exceptions à cette règle, qui n'en restera pas moins exacte dans sa généralité.

Examinons séparément chaque type de machine.

CHAPITRE II

LE MONOCYCLE

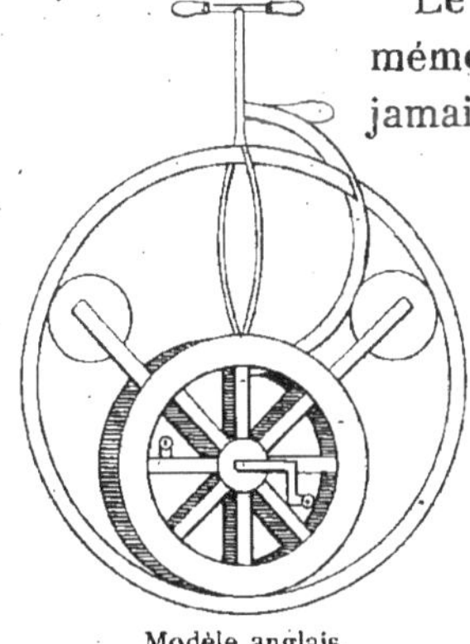

Modèle anglais.

Le *monocycle* ne figure ici que pour mémoire; car il n'a jamais été et ne sera jamais qu'un instrument d'acrobatie pure, qui sort complètement du cadre sportif ou pratique dans lequel doit s'enfermer la vélocipédie sérieuse.

La théorie du monocycle a bien des fois hanté l'imagination des inventeurs.

Pendant longtemps, le problème du véhicule à une seule roue sembla impossible à résoudre. On ne voyait pas bien comment on pourrait faire tenir en équilibre et mettre en mouvement une roue unique, ne reposant à terre que sur un point presque idéal et changeant à chaque instant.

Toutefois ce fut précisément cette condition de mobilité qui amena la solution cherchée. Un cerceau trouve bien le moyen de marcher seul, sans tomber, tant qu'il est lancé ; donc il devait pouvoir en être de même d'un cercle portant un cavalier.

Modèle américain.

Les recherches faites dans ce sens aboutirent naturellement, car la science a trouvé beaucoup d'autres choses plus difficiles; mais elles donnèrent lieu aux fantaisies imaginatives les plus comiques et les plus compliquées.

On alla même jusqu'à mettre le vélocipédiste au centre de la roue, et les anciens pratiquants de la vélocipédie se souviennent fort bien d'avoir vu fonctionner le monocycle Jackson, dans l'intérieur duquel le malheureux vélocipédiste tenait le rôle quelque peu ridicule d'un écureuil tournant dans sa cage.

Modèle français.

D'autres applications plus rationnelles du monocycle furent faites plus tard, et l'on arriva même à le monter avec guidon, selles, manivelles et pédales. On eût dit un bicycle dont on aurait enlevé le corps et la roue de derrière.

Modèle allemand.

C'est dans ces conditions qu'apparut un jour le monocycliste italien Scuri, qui fut le premier à exhiber ce genre de machine.

On se rappelle l'étonnement qu'il causa, soit dans ses représentations publiques, où il exécutait des exercices considérés alors comme extraordinaires, soit au Bois de Boulogne, où il vint plusieurs fois se promener sur sa machine en compagnie d'autres vélocipédistes, à la grande stupéfaction du public qui n'avait jamais vu un semblable instrument.

Depuis ce temps, les exercices de Scuri ont été dépassés de loin par nombre d'autres acrobates, tels que

Kauffman, Walter Gautier et surtout l'inimitable Canary, dont la fantaisie imaginative a servi de mine inépuisable à l'imitation de ses confrères, mais dont la grâce personnelle et l'élégance n'ont jamais été égalées.

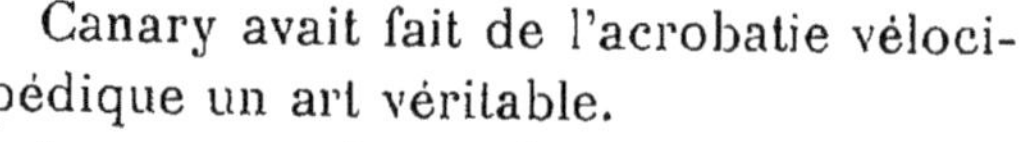

Monocycle Scuri.

Canary avait fait de l'acrobatie vélocipédique un art véritable.

Le monocycle continue toujours à être pratiqué; mais il ne peut donner lieu à des courses intéressantes, sa vitesse étant forcément limitée par la préoccupation constante de l'équilibre, ni servir de mode de locomotion pratique, à cause de son instabilité. Il reste l'apanage des équilibristes de profession qui s'exercent à trouver des combinaisons acrobatiques nouvelles; destinées à prendre place dans les représentations de cirque.

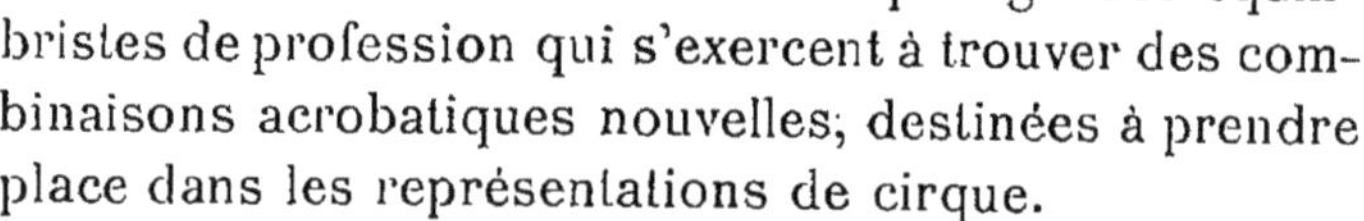

En dehors de ces cas restreints, le monocycle, ne se prêtant à aucune application utile ni sérieuse, ne pourra que servir d'amusement à quelques vélocipédistes audacieux et amoureux de voltige.

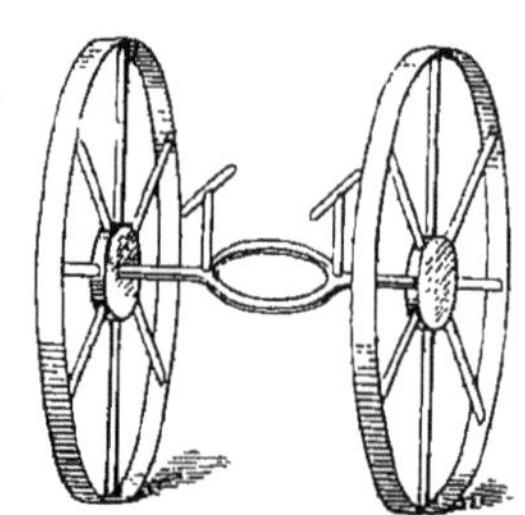

Le dicycle (1866).

Le monocycle étant par lui-même un exercice disgracieux autant qu'antisportif, on ne saurait donc trop conseiller à ceux qui auraient la fantaisie d'en essayer de ne le faire qu'à huis clos et de façon privée, toute exhibition publique devant les conduire à un inévitable ridicule.

On peut en dire autant du *dicycle*, qui n'a fait que paraître vers 1866, sans laisser de traces.

LE BICYCLE. — SES DÉBUTS

Le bicycle est la première des nombreuses formes qu'a revêtues le vélocipède. Il a été l'origine des types si variés qui se sont succédé depuis sa première apparition.

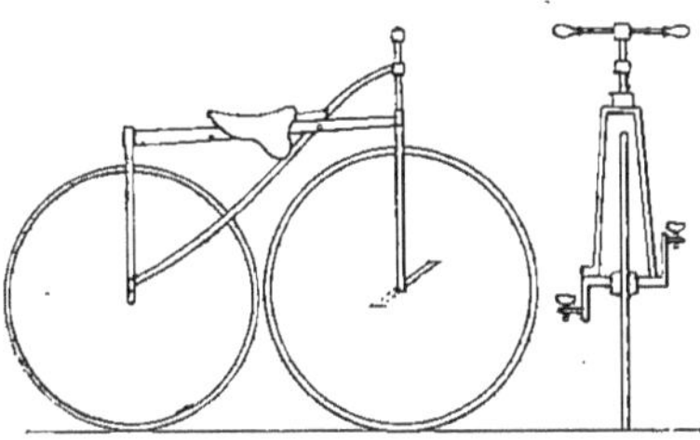
Le premier bicycle dessiné en Angleterre (1867).

Malgré les transformations successives survenues dans la construction vélocipédique, le bicycle a survécu à tous les assauts que lui ont livrés tous les types de machines inventés depuis, et dont un certain nombre n'ont fait qu'une courte apparition, pour disparaître dans l'oubli après une vogue éphémère.

Le bicycle a subi lui-même, il est vrai, de profondes modifications dans sa forme première. Combien d'étapes n'a-t-il pas parcourues, en effet, depuis la primitive machine en bois, aux deux roues égales, réunies par un corps à forme grossière, muni d'ornements d'un goût douteux et peint de couleurs voyantes, constituant un instrument lourd, disgracieux et tapageur, dont l'approche s'annonçait par un vacarme de vieille guimbarde démantibulée !

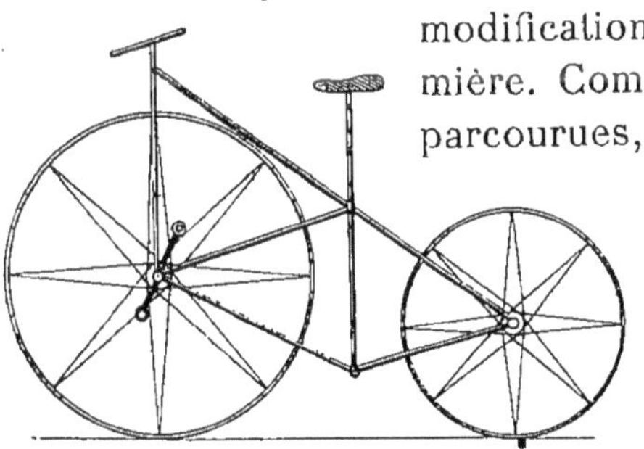
Le bicycle primitif.

Et pourtant on monta avec passion sur cet instrument grotesque ; on lui trouva même beaucoup d'attraits et il serait bien difficile de dire si les vélocipédistes d'alors n'éprouvèrent pas plus de plaisir sur leur monture primitive que les vélocipédistes d'aujourd'hui n'en trouvent sur leurs légers et gracieux bicycles.

Bicycle à double direction.

La chose est au contraire très vraisemblable et peut s'expliquer par l'attraction qu'exercent toujours les nouveautés.

Il faut dire aussi que, dans ce temps, il n'y avait à monter à bicycle que les convaincus, ceux qui bravaient l'opinion publique et les préjugés en les subordonnant à leur propre goût pour le nouveau sport.

Tout ce qui ressemblait de près ou de loin à un vélocipède leur semblait parfait et ils passaient avec une grande indulgence par-dessus les défauts des machines d'alors, pour n'y voir que le plaisir qu'on en pouvait tirer. On se demande volontiers aujourd'hui quelle jouissance il pouvait y avoir alors à monter en bicycle ; pourtant ce plaisir était très réel ; il n'est pas certain même que les vélocipédistes modernes aiment autant leur machine que les vélocipédistes de la première heure ont chéri leur monture primitive, tout informe et ridicule qu'elle était.

Le Boneshaker (secoueur d'os) perfectionné (1870).

Quelle différence pourtant avec l'élégant bicycle moderne, sobre de formes, sombre d'aspect, exempt d'ornements inutiles, léger et silencieux et dont la roue de devant éclipse par sa dimension celle de derrière, qui paraît minuscule, ce qui lui donne l'aspect majestueux d'une châtelaine de haute taille dont la traîne est portée par un page microscopique !

Il est vrai qu'avant d'arriver à ce degré de perfection le bicycle a subi bien des modifications profondes, qui en ont progressivement changé l'aspect et qu'il est curieux de rappeler.

SES TRANSFORMATIONS

Le premier bicycle se composait de deux roues égales réunies par un corps au-dessus duquel, comme un pont suspendu, était jeté un immense ressort courbé allant de la fourche à la roue d'arrière et sur lequel était fixée la selle.

A cette époque, les roues des bicycles n'avaient que 80 ou 90 centimètres. Un bicycle à roue d'un mètre paraissait gigantesque.

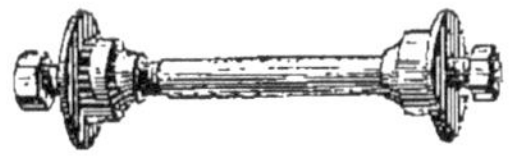

Axe de roue d'avant.

La caractéristique des machines de cette époque était qu'elles pouvaient être montées par des hommes de toutes tailles, car le diamètre des plus grandes roues était à la portée des hommes les plus petits; il suffisait d'avoir un ressort moins élevé permettant de rapprocher davantage la selle des pédales.

Bientôt on s'aperçut qu'on perdait une place précieuse en n'utilisant pas l'intervalle excessif séparant la selle des pédales. On commença donc à augmenter la hauteur de la roue de devant en abaissant le ressort. On dut suivre la marche inverse pour la roue de derrière, sous peine d'arriver à faire des machines géantes.

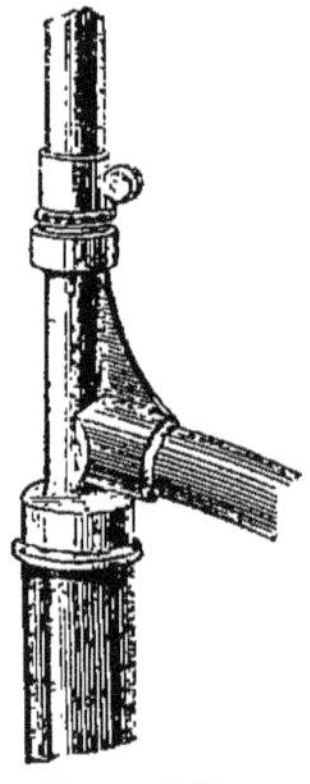
Tête à bille.

C'était ouvrir la voie qui devait amener peu à peu à la forme actuelle des bicycles.

Le point important en effet était d'obtenir le plus d'espace parcouru par chaque tour de pédales. Or ce résultat dépendait uniquement de la hauteur de la roue motrice.

On peut se figurer quelle répétition extrême de mouvements de jambes il fallait opérer pour marcher à une allure raisonnable avec des roues d'un aussi petit diamètre que celles des premiers bicycles; aussi était-il très difficile de suivre une voiture marchant à bonne allure moyenne. Ce résultat ne pouvait être obtenu que grâce à des efforts qui ne pouvaient pas se prolonger pendant longtemps.

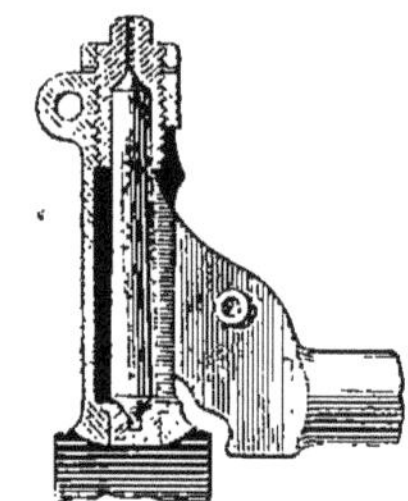
Tête à pointe.

A mesure que la roue motrice augmenta de diamètre, la vitesse suivit la même progression; d'autre part, la roue de derrière continua à diminuer de hauteur et finit peu à peu par être limitée à son véritable rôle, qui est simplement de suivre la première et de donner au bicycle son second point d'appui.

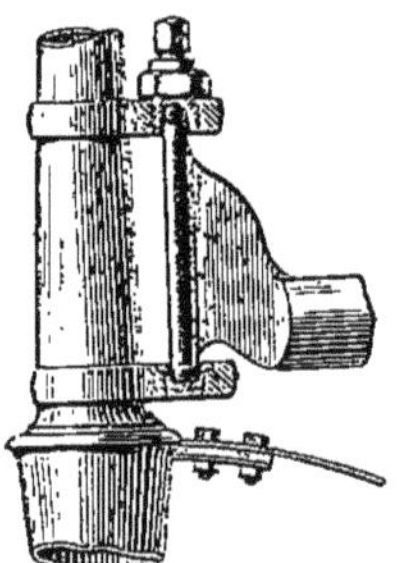
Tête à pivot.

A mesure que les proportions du bicycle se modifiaient, la position du bicycliste subissait des transformations correspondantes.

Sur les premières machines, le bicycliste était assis

au milieu du ressort et entre les deux roues, à distance égale de chacune d'elles.

L'origine du bicycle se faisait sentir dans sa première application.

Lorsque la roue motrice augmenta, le grand ressort, qui primitivement était indépendant du corps du bicycle et portait directement sur l'axe de la roue de derrière par une fourche spéciale, s'abaissa peu à peu et finit par se modifier complètement. Sa fourche de derrière disparut et le ressort finit par reposer sur le corps même du bicycle.

De son côté la selle se rapprocha de la tête du bicycle, et le bicycliste sembla positivement grimper à la conquête de sa machine, car sa position relative devenait de plus en plus élevée.

La roue de derrière était progressivement soulagée et le poids du bicycliste tendait d'une manière continue à se porter sur la roue de devant.

Cette roue de devant augmentant sans cesse de diamètre, le corps ne tarda pas à se rapprocher d'elle autant qu'il était possible, et finit par n'en être plus séparé que par un espace juste suffisant pour qu'elle pût se mouvoir facilement sans y toucher.

Dans ces conditions le corps suivit strictement la courbe de la roue sur une longueur égale au quart de la circonférence.

La roue de derrière, suivant par contre une diminution progressive, fut réduite à la plus petite proportion et le corps termina la courbe par une ligne perpendiculaire tombant directement sous l'axe de la petite roue qui, par une illusion d'optique assez fréquente, parut entrer sous la grande roue.

C'est ainsi qu'on finit par construire des bicycles

dont la grande roue avait $1^m,40$, tandis que la petite n'avait que $0^m,30$.

Pendant que la hauteur relative des roues subissait ces importantes modifications, il se produisait un changement parallèle dans la forme des fourches de devant et du guidon et dans la position du bicycliste sur sa machine.

Les fourches, d'abord inclinées en arrière et grossières de forme, s'affinèrent peu à peu jusqu'à la limite du possible, se composant de tubes simples dessinant un ovale et quelquefois de deux tubes accouplés. D'autre part, elles se redressaient et finissaient par devenir perpendiculaires au sol.

Le guidon était au début très haut placé, droit et très court, ce qui donnait aux bras une position disgracieuse et gênante en les forçant à se tenir pliés fortement, ce qui leur enlevait toute leur force et rapprochait les mains, ce qui nuisait beaucoup à la direction.

Le guidon s'élargit, puis s'abaissa vers les extrémités, tout en ménageant au milieu une double courbe permettant aux jambes de se mouvoir sans le toucher. Les poignées furent amenées à la hauteur du bec de la selle, donnant aux bras une position plus naturelle et un meilleur emploi de leurs forces.

La selle elle-même, d'abord placée sur des ressorts de forme variée, finit par être fixée directement sur le corps dans les bicycles de course, afin de gagner le plus d'espace possible.

Bientôt ces modifications allèrent à l'excès ; la chasse, c'est-à-dire l'angle entre la position réelle des fourches et la perpendiculaire, fut supprimée complètement ; la selle, rapprochée le plus près possible de la tête du bicycle, fut même placée en contact direct avec celle-ci, ce qui rendit la machine bien plus dangereuse, le bicycliste se trouvant perché presque sur l'axe de la grande roue et exposé par la moindre secousse à voir son centre de gravité se déplacer en avant de cet axe et déterminer une chute presque certaine dans la même direction. La petite roue réduite avec excès donna des trépidations excessives.

SON ÉTAT ACTUEL

Bientôt tous ces inconvénients apparurent clairement aux yeux des vélocipédistes, et les constructeurs s'empressèrent d'y remédier.

Une étude approfondie de la statique vélocipédique, appuyée sur les données de l'expérience, amena le bicycle à une forme exempte des excès qui l'avaient d'abord rendu presque impraticable, et bientôt on arriva à lui donner l'aspect définitif qu'il a aujourd'hui et que tous les constructeurs ont adopté, n'apportant plus dans son ensemble que des modifications de détail qui n'affectent pas sa forme générale.

Bicycle Araignée.

On donna aux bicycles une légère chasse ; on éloigna d'une façon raisonnable la selle de la tête du bicycle ; on augmenta notablement le diamètre de la roue de derrière ; on courba sensiblement l'extrémité inférieure du corps vers la petite roue.

Ces dernières dispositions, qui firent justement attribuer aux bicycles ainsi construits le nom de *ration-*

nels, donnèrent beaucoup de douceur au roulement et supprimèrent une bonne partie des dangers de chute en avant, en augmentant la stabilité de la machine.

C'est selon ces données qu'ont été établis tous les derniers modèles de bicycles dont la forme semble définitivement fixée pour l'avenir.

Dans son état actuel, le bicycle semble être en effet arrivé à sa perfection. On peut dire qu'il a été amené peu à peu à son maximum de simplicité, de commodité et d'élégance.

Les seules modifications dont il semble pouvoir être encore susceptible résident dans l'application de caoutchoucs perfectionnés ou dans l'emploi d'un nouveau métal lui conservant la même solidité, tout en réduisant encore son poids.

C'est vers ce double but que sont concentrées désormais les recherches.

Grâce à ces modifications, le bicycle est devenu un instrument pratique, dont les avantages peuvent contre-balancer les inconvénients.

Pour un certain nombre d'adeptes enthousiastes, les premiers dépassent même notablement les seconds, ce qui permet au bicycle de conserver encore et quand même ses fidèles.

SES AVANTAGES

De tous les modèles qui constituent les machines comprises sous le nom générique de vélocipèdes, le bicycle est certainement le plus *sportif* dans le sens strict du mot, au point de vue des courses comme au point de vue du tourisme.

C'est lui qui donne la sensation la plus exacte de la

vitesse, le mouvement des jambes étant en proportion directe avec le nombre des tours de la grande roue.

C'est lui qui fournit la perception la plus nette de la lutte, les coureurs pouvant plus que sur toute autre machine s'approcher, se tâter, se sentir les coudes, en un mot.

Ce qui est vrai pour les courses l'est également pour le tourisme.

Ceux qui sont assez vieux dans la vélocipédie pour avoir pratiqué le bicycle sur route savent seuls quels charmes sont inhérents à cette machine.

Bicycle Ariel.

Le plus grand de tous est l'indépendance absolue qu'elle laisse aux mouvements du bicycliste.

Par suite de la disposition de la grande roue, qui est motrice et directrice en même temps, la direction est d'une facilité extrême et peut se faire aisément sans les mains. Les pieds donnant le mouvement, la machine marche toute seule devant elle, et une légère inflexion du corps à droite ou à gauche suffit à la ramener en cas de déviation.

Il ne faut donc au bicycliste que très peu d'apprentissage pour marcher sans les mains, et tous les bicyclistes un peu exercés ont été capables de fournir de longues étapes, sur des terrains accidentés, sans avoir besoin de se servir du guidon.

Cette indépendance des mains est aussi utile qu'agréable.

Elle permet en effet de lire son guide, de consulter

sa carte, de prendre des notes, de se servir de son mouchoir, de fumer, de boire et manger, voire même d'ôter et de remettre un vêtement, et cela sans ralentir l'allure, ce qu'on ne pourrait faire avec une égale aisance, ni même quelquefois sans danger, sur aucune autre espèce de machine.

Un autre grand charme du bicycle provient de la douceur de propulsion, résultat de son mouvement direct, et du mouvement relativement minime des jambes qu'il exige, la longueur des manivelles étant toujours moindre sur le bicycle que sur les autres types de machines, ce qui supprime une dose notable de fatigue.

En promenade, le bicycle permet à celui qui le monte de découvrir, en raison de sa position élevée, bien des choses qui échappent à un vélocipédiste se servant d'une machine basse. Le bicycliste peut saisir au passage, au-dessus d'une haie ou d'un mur, un bout intéressant de paysage ou de jardin dont la vue est interdite à ses compagnons moins haut montés.

Le bicycle présente en outre cet avantage considérable qu'étant de beaucoup la machine la plus simple comme construction, elle est par cela même la plus solide et la moins sujette à détériorations.

Le bicycle est d'ailleurs la machine la plus facile à entretenir en bon état, parce qu'en cas de mauvais temps, elle se salit moins que toute autre, dans ses parties essentielles. Grâce à leur position élevée, les coussinets de la grande roue et les pédales sont à l'abri de la boue; un petit garde-crotte placé au-dessus de la petite roue protège efficacement le corps et le bicycliste lui-même qui, haut perché sur sa machine, traverse les flaques d'eau et les lacs de boue sans en ressentir les effets.

Il a particulièrement les pieds à l'abri des éclaboussures, ce qui est d'une grande importance et ne peut être obtenu complètement avec aucune autre espèce de machine. Le bicycliste qui n'est pas descendu de machine peut donc traverser les routes les plus boueuses ou les plus inondées, voyager et rentrer les pieds secs, tandis que ses compagnons, montant des machines basses, sont condamnés, malgré toutes les précautions, à avoir les pieds plus ou moins trempés d'eau et de boue, condition toujours pénible et défavorable pour la marche.

Enfin, le bicycle est un instrument dont l'usage n'est pas permis à tout le monde, à cause des qualités d'adresse ou d'audace qu'il exige.

Dans un groupe de vélocipédistes, un bicycliste attire l'attention : il domine ses compagnons; il a l'air d'un officier à cheval à la tête de ses troupes; il excite l'admiration des badauds naïfs, et cela d'autant plus que sa machine est plus haute. Tandis que les autres types de machines sont confondus dans la foule, la sienne se détache, au point que, pour beaucoup, le bicycle a gardé le nom de vélocipède par excellence, par opposition aux autres machines qui sont appelées sous leur nom spécial.

Il y a dans tout cet ensemble de petites considérations de quoi satisfaire ceux qui sont sensibles à ce genre de satisfactions d'amour-propre. Le bicycle donne à celui qui le monte une sensation aérienne qui lui est toute spéciale. Grâce à la distance qui sépare le bicycliste du sol, la machine est douée d'une sensibilité extrême et, par suite de sa simplicité, elle est silencieuse plus qu'aucune autre.

On voit venir un bicycliste, on ne l'entend pas. Il

arrive sur vous, il passe, il est passé. Un léger zéphyr dans les rayons, un faible bruissement du caoutchouc sur le sol, et c'est tout. On croirait avoir été frôlé par un oiseau. Les coups de pédale et les coups d'aile sont frères.

Ce sont tous ces motifs qui ont tant fait aimer le bicycle par ceux qui l'ont longuement pratiqué et qui lui conservent un groupe encore nombreux de dévots.

Malheureusement ces avantages sont contre-balancés par de nombreux inconvénients qui expliquent les recherches de l'industrie moderne en vue de leur suppression, dussent-elles aboutir à la disparition du bicycle lui-même.

SES INCONVÉNIENTS

A côté de ces avantages particuliers au bicycle, il existe, en effet, de nombreux inconvénients inhérents à ce genre de machine.

Le premier, et le plus grave de tous, est le danger de chute en avant, qui résulte de la forme de la machine où, le centre de gravité étant très près de la roue de devant, il suffit d'un faible déplacement de ce point pour le faire passer en avant de cet axe et entraîner une chute par-dessus le gouvernail.

C'est ce que les vélocipédistes appellent pittoresquement « piquer une tête ».

En effet, la chute en avant d'un bicycliste ressemble beaucoup au mouvement d'un plongeur.

Ce genre d'accident est malheureusement trop connu des bicyclistes, qui en ont fait l'expérience plus ou moins fréquente, selon leur degré d'imprudence ou de malechance.

C'est une loi universelle qui les frappe tous. Il n'en est, en effet, pas un qui, ayant un peu pratiqué cette machine, n'ait fini, malgré les plus minutieuses précautions et la plus extrême prudence, par rencontrer un jour des conditions défavorables entraînant une chute en avant.

Un second inconvénient du bicycle provient de la difficulté d'y monter ou d'en descendre dans certaines conditions résultant de la nature ou de la déclivité du sol.

Le fait de monter sur un bicycle présente toujours quelque difficulté ou tout au moins un certain effort et beaucoup d'attention de la part de ceux qui ne sont plus ni jeunes, ni légers, ni adroits.

Sur un terrain présentant une descente douce, cette opération est facilitée par l'élan naturel de la machine, qui permet au bicycliste de prendre du temps pour se mettre en selle.

Sur un terrain plat, la chose est encore assez simple, l'élan étant facile à donner.

La difficulté commence quand il s'agit de monter sur un bicycle au milieu d'une côte, et cette difficulté augmente en proportion de l'inclinaison du sol et de la hauteur du bicycle.

Sur une montée, il est assez difficile, et quelquefois impossible, à un bicycliste d'adresse moyenne de donner au bicycle, en le poussant, assez d'élan pour avoir le temps de s'élever sur le marchepied, de se mettre en selle et d'atteindre les pédales.

Dans ces conditions, un bicycliste, qui est descendu de machine au milieu d'une côte pour se reposer, et qui, plus loin, veut y remonter, est exposé à ne pouvoir y parvenir et réduit à achever la côte à pied, à moins qu'il ne demande l'aide de quelqu'un pour se remettre en selle ou qu'il ne monte en machine en descendant la côte, pour virer et repartir à la montée : chose souvent impraticable, à cause de l'étroitesse ou de la trop grande inclinaison de la route.

Beaucoup de bicyclistes ont souffert de cet inconvénient, qu'on peut éprouver sur un sol plat, mais caillouteux ou défoncé, aussi bien qu'à une montée.

Pour descendre de bicycle, une difficulté inverse peut se produire.

De même que, sur une côte, le bicycliste qui voudrait remonter sur sa machine ne peut toujours y arriver, de même, sur une descente, le bicycliste qui essaye de descendre de machine est quelquefois incapable d'y parvenir.

Le bicycle est la machine qui « s'emballe » le plus facilement, et, lorsqu'une descente est dure, il n'est pas toujours facile d'en rester maître. Dans ces conditions, il ne reste d'autre ressource que de descendre, pour éviter un accident; mais, lorsque la machine a déjà acquis une trop grande vitesse, l'opération devient difficile et quelquefois périlleuse.

On ne peut, en effet, se servir brusquement du frein, qui, en arrêtant la grande roue, entraînerait infailliblement une chute en avant. D'autre part, les pieds, ayant quelquefois de la difficulté à suivre le mouvement déjà trop rapide des pédales, ne peuvent plus y trouver un temps d'appui suffisant pour descendre avec sécurité. Sauter en arrière en abandonnant son bicycle est dangereux; les autres moyens sont acrobatiques ou impraticables.

La même difficulté d'arrêt ou de descente peut se produire sur terrain plat, lorsque la vitesse est trop grande, dans le cas d'un obstacle se dressant brusquement devant le bicycliste.

Un autre petit inconvénient du bicycle, nullement dangereux, mais simplement agaçant, est la vitesse relativement excessive que le bicycliste est obligé d'imprimer à ses pédales pour suivre, lorsqu'il est en groupe, le train des autres vélocipédistes montant des machines multipliées.

On peut se figurer, en effet, quelle accélération de mouvement doit produire un bicycliste montant une machine de 1^{m},30 pour suivre un bicyclettiste ayant une machine multipliée à 1^{m},50. Il perd en moyenne environ un tour sur huit. Dans ces conditions, il a l'air de ne pas avancer et semble faire beaucoup d'efforts, tandis que son compagnon marche avec aisance.

Le bicycle est également assez mal agencé au point de vue du bagage.

Les deux seuls points pratiques où l'on puisse le placer sont le guidon et le corps au-dessous de la selle; mais, si l'on met un fort poids sur le guidon, on charge trop le devant de la machine, ce qui augmente les dangers de chute en avant. D'autre part, un trop gros paquetage sur le corps rend plus difficile l'opération de se mettre en selle, car on risque d'accrocher le sac au passage avec la jambe.

En résumé, le bicycle est un instrument sur lequel on ne peut commodément porter qu'un bagage limité, ce qui sera toujours un inconvénient important pour un touriste amoureux de ses aises et désireux d'avoir sous la main tout le nécessaire de toilette que peuvent lui imposer les circonstances.

Le bicycle est une machine qui se plie mal à quelques difficultés qu'on rencontre souvent sur route, telles, par exemple, que les trottoirs ou les caniveaux trop profonds.

Lorsque la chaussée est trop mauvaise et qu'un bicycliste veut prendre le trottoir, il est obligé de descendre de machine et doit recommencer la même opération pour revenir sur la chaussée, à moins qu'il ne trouve un endroit moins élevé pour passer sans encombre.

Monter et descendre les trottoirs sur un bicycle est en fait un exercice praticable, mais dangereux, et interdit à la grande majorité des bicyclistes ordinaires.

La même observation peut s'appliquer aux ruisseaux et aux caniveaux trop profonds.

Les caniveaux mal franchis par des bicyclistes inexpérimentés sont la cause d'une bonne partie des chutes sur route.

Enfin, le bicycle est une machine presque impraticable pendant la nuit.

La forme même de cette machine exige en effet que le bicycliste voie continuellement et nettement les obstacles qui peuvent se trouver sur sa route; car il suffit d'un choc, relativement faible mais inattendu, pour occasionner une chute. Or la lanterne est absolument insuffisante pour mettre le bicycliste en garde contre tous les accidents de la route. Si cette lanterne est fixée à la tête du guidon, elle est trop éloignée du sol qu'elle n'éclaire que faiblement, et, si elle est placée dans le moyeu, elle est affectée d'un mouvement d'oscillation perpétuel qui rend la lumière très indécise. Le bicycliste sera donc condamné ou bien à marcher à une allure funéraire, plus fatigante et plus fastidieuse que la marche à pied, ou bien à entretenir une vitesse modérée, mais trop grande encore pour lui permettre de voir à temps une pierre, une branche d'arbre ou un trou qui lui occasionnera une chute presque certaine.

On conçoit donc aisément que les bicyclistes soient éminemment des promeneurs de jour et qu'ils prennent toutes leurs précautions pour arriver à l'étape fixée avant la nuit tombée.

Ces inconvénients sont les principaux qui soient spéciaux au bicycle ; peut-être y en a-t-il d'autres de moindre importance, mais ceux-ci suffisent pour que ce genre de machine ait été progressivement abandonné et le soit de plus en plus.

SON AVENIR

Maintenant une question se pose :

Quel est l'avenir du bicycle ?

Est-il appelé à disparaître complètement ?

C'est probable, mais pas encore de sitôt.

Actuellement, il est vrai, on ne rencontre plus guère de bicycles sur les routes, et les adeptes de cette machine se font de plus en plus rares ; mais il en existe encore et il s'en recrutera de nouveaux pour des raisons qui semblent devoir durer encore assez longtemps.

Tout d'abord, il y a les vétérans fanatiques du bicycle, qui cherchent toutes les occasions de se servir de leur ancienne machine, lorsque l'état du sol ou de la température et les conditions de durée ou de vitesse de l'excursion le permettent, ce qui leur rappelle leurs premières années de véloce.

Ensuite, il y a les jeunes gens, que tente le côté légèrement aventureux du bicycle.

De plus, il y a ceux qui désirent posséder une machine parfaite à très bas prix. Or cela ne peut plus se rencontrer que pour les bicycles. En effet, avec l'extension présente de la vélocipédie et la vogue croissante des nouveaux modèles de machines, celles-ci se maintiennent à des prix fort élevés, qui ne font qu'augmenter. Ce mouvement, qui peut durer longtemps encore pour les machines modernes, se produit en sens inverse sur les modèles anciens, et le bicycle est le premier atteint par cette baisse considérable de prix. Aussi peut-on maintenant se procurer des bicycles de première qualité au tiers de leur valeur nominale d'autrefois. Cette considération, tant qu'elle existera, guidera forcément le choix d'un certain nombre de vélocipédistes.

Enfin, il y a ceux qui ne veulent pas agir comme tout le monde et qui cherchent tous les moyens de se faire remarquer. Or, à notre époque, un bicycliste au milieu d'un groupe de bicyclettistes est sûr de son effet, surtout s'il monte une grande machine. Ce sentiment, sous quelque forme qu'il se manifeste, est certain de trouver toujours quelques fidèles.

Il faut tenir compte en outre de la nature du pays où l'on est appelé à pratiquer la vélocipédie.

Il est certain que dans une contrée plate, exempte d'accidents du sol et dans laquelle la population est rare, c'est-à-dire où les causes d'accident sont amenées à leur minimum, le bicycle a beaucoup plus de chances de conserver des adhérents que dans un pays très accidenté ou très peuplé, où le bicycliste est exposé à chaque pas à des dangers de toute sorte ; aussi n'est-il pas étonnant de rencontrer encore certaines régions où le bicycle domine et ne disparaîtra pas de longtemps, pour les raisons ci-dessus.

Pourtant il est certain que le bicycle ne répond plus qu'à des besoins ou à des caprices limités.

Actuellement, aucun fabricant ne construit plus de bicycles que sur commande spéciale. Or il viendra un jour où tous les bicycles existant aujourd'hui seront hors de service et bons à être mis à la ferraille.

D'autre part, l'industrie, qui marche à pas de géant, arrivera à établir des machines qui auront tous les avantages du bicycle sans en avoir les inconvénients, et, ce jour-là, ceux qui restent fidèles au bicycle pour ses qualités spéciales l'abandonneront à leur tour.

Dans ces conditions le bicycle risque dans un avenir donné de disparaître complètement et de passer à l'état de souvenir.

Les machines de cette classe qui survivront seront regardées comme des objets de curiosité dignes d'un autre âge et méritant le respect ironique que nous avons aujourd'hui pour la vénérable draisienne.

Ce jour-là, le bicycle sera bien mort, comme tout ce dont on rit dans notre pays volage et frondeur.

Ce sera véritablement dommage, car avec le bicycle disparaîtra la poésie de la route où il passait diaphane et léger comme une libellule; grâce à cet engin, le bicycliste, détaché de terre, semblait en quelque sorte tenir de l'oiseau par sa silencieuse rapidité. Mais, à notre époque, on n'a plus le loisir de s'occuper de ces sentimentales subtilités. L'utilitarisme suit sa marche ascendante et fatale, que rien ne peut entraver.

Le bicycle était un instrument poétique et artistique; il suffisait à une élite; il est fatalement condamné à céder la place aux machines nouvelles, mieux adaptées aux besoins du grand nombre.

Les machines suivent le même cours que les idées.

Il disparaîtra donc, en vertu de la loi qui a substitué la balle à la flèche et la baïonnette à la zagaie.

Tel est le destin logique de celui qui fut pendant de longues années le roi de la route.

Toutefois, à quelque époque que ce dénouement doive se produire, ceux qui seront venus assez tôt à la vélocipédie pour avoir pratiqué à fond le bon vieux bicycle en conserveront un souvenir reconnaissant, pour toutes les jouissances qu'il leur aura procurées et que les machines nouvelles n'ont pas encore trouvé le moyen de leur rappeler.

Les nouveaux venus à la vélocipédie ne les auront pas connues : s'il n'est pas positivement très gai de se sentir vieillir, au moins cette pensée légèrement égoïste pourra-t-elle servir aux anciens de fiche de consolation, en leur permettant d'évoquer les plaisirs d'une époque disparue, plaisirs que la jeune génération est condamnée à ne plus pouvoir goûter ni apprécier.

Ce sera la revanche de la vieille génération sur la nouvelle, mieux favorisée sous tant d'autres rapports.

LES BICYCLES DE SURETÉ

Le danger des chutes en avant étant le principal inconvénient des bicycles, le problème de la suppression de ces chutes a été un de ceux qui ont le plus tôt hanté l'imagination des inventeurs.

De là une foule de systèmes plus ou moins compliqués dont il est impossible de donner la nomenclature complète et parmi lesquels se sont distingués quelques modèles, qui ont plus ou moins rempli le but proposé, sans arriver cependant à la solution absolue du problème.

Le premier bicycle de sûreté reçut le nom de « Kangourou ». Il avait la forme d'un bicycle ordinaire, moins la hauteur. En effet, les fourches se prolongeaient au-dessous de l'axe jusqu'aux deux coussinets des manivelles auxquels étaient fixés deux pignons actionnant deux chaînes que rejoignaient deux autres pignons fixés à l'axe de la grande roue. Les pignons étant de grandeur différente, la machine pouvait se multiplier à volonté.

Bicycle Kangourou.

Cette disposition rapprochait le bicycliste de terre, les pédales étant amenées aussi près du sol que possible, mais ne supprimait pas sensiblement le danger de chute en avant, le bicycliste étant placé à peine plus en arrière que sur le bicycle ordinaire.

Bicycle anglais « l'Extraordinaire » (Challeny, 1880).

Cette machine était donc improprement appelée bicycle de sûreté. Elle était en réalité très dangereuse et fut rapidement abandonnée.

Un autre modèle fut baptisé du nom d'« Extraordinaire ». Sur ce bicycle, la position du bicycliste était bien plus en arrière, les fourches de devant étant fort inclinées. Le mouvement se communiquait par un système de leviers.

Bicycle de sûreté.

Le danger de chute en avant était presque écarté, mais la machine montait difficilement les côtes et était d'une direction difficile; elle ne fit qu'une courte apparition pour disparaître bientôt.

Le « Sphinx » était basé sur un autre principe, celui d'engrenages contenus dans une boîte fermée et dont la disposition multipliait la machine au double. Cette machine diminuait la hauteur du bicycle, mais n'écartait pas absolument les dangers de chute en avant.

Le bicycle de sûreté « Rover ».

Le « Claviger » et le « Facile » étaient d'autres systèmes à leviers.

Cette dernière machine s'est fait remarquer par des performances accomplies en Angleterre et qui sont restées célèbres, quoique bien dépassées depuis lors.

Un autre modèle très original, d'invention américaine, s'appelle le « Star ». C'est un bicycle retourné dont la petite roue est en avant. Dans ces conditions, la chute en avant est à peu près impossible. La grande roue motrice est actionnée par un système très curieux ; la petite roue est directrice, grâce à un guidon disposé comme celui d'un tricycle Cripper.

D'autres systèmes de bicycles de sûreté ont été construits, mais il semble qu'aucun des modèles en question ne résolvait d'une façon absolue la question, puisque aucun n'a vu son usage se généraliser.

Tous gardaient en partie les inconvénients du bicycle sans en avoir les qualités, et tous présentaient en outre des inconvénients qui leur étaient propres.

Décidément la solution du problème n'était pas dans une modification quelconque du bicycle proprement dit, mais dans la construction d'une machine établie sur des données toutes différentes de celles du bicycle. Cette machine devait être la bicyclette.

CHAPITRE III

LA BICYCLETTE

La bicyclette est la forme dernière de machine vélocipédique issue de l'étude entreprise depuis longtemps dans le but d'éviter le danger des chutes en avant inhérent au bicycle.

Dans tous les systèmes intermédiaires expérimentés à cet effet, la préoccupation des constructeurs s'était portée entièrement sur la roue de devant, qui restait toujours motrice.

La caractéristique de la bicyclette a été au contraire le déplacement de l'appareil moteur, transporté à la roue de derrière, tandis que la roue de devant reste simplement directrice.

SES DÉBUTS

Plusieurs essais avaient été tentés dans ce sens avant l'invention de la bicyclette moderne.

Il faut citer parmi ces essais la machine construite par Savin Dalzell, composée d'un corps reliant deux roues dont celle d'arrière était un peu plus grande que l'autre. La selle était placée entre les deux roues, mais plus près de celle d'arrière.

Bicyclette de Savin Dalzell.

La roue d'avant était actionnée par un guidon, celle d'arrière était partiellement recouverte d'un garde-crotte.

Le mouvement se transmettait des pédales à la roue d'arrière à l'aide de bielles articulées.

Bicyclette (type primitif, 1880).

Cette machine grossière en bois ne fut qu'un essai isolé qui n'eut pas de suites et n'influa en rien sur la construction vélocipédique future.

Le véritable inventeur de la bicyclette moderne, avec transmission de mouvement à l'aide de la chaîne, fut un contremaître d'usine anglais, appelé Lawson.

Son invention remonte à 1879, et la première machine qui fut construite sur ses données existe encore.

Elle est loin de rappeler par sa silhouette lourde et disgracieuse les élégantes machines actuelles; mais elle n'en est pas moins la première machine qui ait mérité le nom de bicyclette.

SES TRANSFORMATIONS

Un des points caractéristiques de la bicyclette est l'abaissement considérable des roues et le rapprochement des pédales, relativement à la terre, dans la limite la plus extrême.

La stabilité étant d'autant plus grande que le centre de gravité est plus près de terre, il était nécessaire d'observer tout d'abord cette règle dans une machine construite pour assurer avant tout la sécurité du vélocipédiste.

Les bicyclettes ont subi un grand nombre de modifications en ce qui touche à la hauteur relative ou absolue des roues.

Trois théories ont été présentées à ce sujet parmi les constructeurs.

Les uns ont fait la roue de derrière légèrement plus grande que la roue de devant, prétendant que la direction était meilleure.

D'autres, au contraire, ont fait la roue de devant plus grande, affirmant que la machine ainsi établie donnait moins de tirage et montait mieux les côtes.

D'autres enfin se sont rangés à la théorie des deux roues égales, comme étant la plus logique, la plus symétrique et la plus élégante.

Actuellement le plus grand nombre des machines en

cours a les deux roues égales ; toutefois quelques fabricants, et non des moins connus, continuent à faire la roue de devant un peu plus grande ; il semble que la petite roue devant soit universellement abandonnée.

Quant à la hauteur des roues, elle a été également très variable, surtout dans la roue de devant.

La hauteur de $0^m,75$ avait été assez rapidement adoptée comme moyenne; mais elle fut portée quelquefois à $0^m,80$ et même jusqu'à $0^m,90$, tandis que la roue de derrière n'avait que $0^m,65$ et même $0^m,60$, donnant ainsi à la machine un faux air des bicycles d'autrefois.

La roue d'arrière a subi moins de fluctuations; elle n'a en effet jamais dépassé en hauteur $0^m,80$, et seulement à titre exceptionnel et sur commande spéciale; elle n'est pas descendue au-dessous de $0^m,60$, et cela, seulement dans les machines ayant une très grande roue devant.

Après toutes ces variations, les bicyclettes sont arrivées à des moyennes qui ne varient plus guère.

Les deux hauteurs les plus communément employées sont $0^m,75$ et $0^m,70$.

Dans les machines à roues inégales les hauteurs sont $0^m,75$ et $0^m,70$ ou $0^m,70$ et $0^m,65$.

Les hommes grands devront prendre de préférence des machines avec des roues de grand diamètre de $0^m,75$. En effet, par suite de la longueur de leurs jambes, ils seraient obligés d'avoir une tige de selle démesurément longue, ce qui serait peu élégant; d'autre part, le centre de gravité serait trop au-dessus de la machine, ce qui en compromettrait la stabilité et la solidité, car la torsion résultant des balancements du corps du vélocipédiste serait excessive.

En course spécialement, un coureur de grande taille vire beaucoup plus facilement avec des roues de 0^m,75 qu'avec des roues plus petites, et sera bien moins exposé à déraper.

La diminution dans la hauteur des roues ayant eu surtout pour but d'économiser du poids, le vélocipédiste devra rechercher d'abord sa sécurité ou son bien-être, plutôt qu'une diminution de poids largement compensée par les inconvénients opposés.

Les roues de 0^m,70 conviendront aux hommes petits et légers. Ceux-ci pourront, en effet, sans inconvénient viser à la machine légère et peu volumineuse qui sera en harmonie avec leur taille et leur poids.

Le *corps* des bicyclettes a subi de son côté de nombreuses modifications.

A cet égard les bicyclettes se divisent en quatre classes :

Les bicyclettes en croix;

Les bicyclettes à demi-cadre;

Les bicyclettes à cadre;

Les bicyclettes pour dames.

Les bicyclettes *en croix* ont été les premières usitées; car le bicycle ayant inspiré l'idée de la bicyclette, les corps de ces dernières machines rappelèrent d'abord ceux des bicycles autant que le pouvait permettre le changement de forme de la machine.

Peu à peu les lignes courbes firent place aux lignes droites et bientôt le corps de la bicyclette se composa d'une croix dont la branche principale allait de la tête à l'axe de la roue de derrière où elle aboutissait sous forme de fourche, tandis que l'autre branche, à peu près perpendiculaire à la première, allait de la selle à l'axe des manivelles.

Pour annuler les effets de la torsion au point de jonction de ces deux tubes, on les relia par des tiges de tension allant de la selle et de l'axe des manivelles à la tête et à l'axe de la roue de derrière. Cette disposition donna bientôt l'idée des formes suivantes de la bicyclette.

Quelquefois les tendeurs affectent d'autres dispositions moins efficaces, cependant, que celle signalée ci-dessus.

La bicyclette *à demi-cadre* ressemble à la précédente pour toute la partie d'avant jusqu'au tube de support de selle qui, au lieu d'être presque ou tout à fait droit, affecte au contraire une ligne courbe qui suit la forme de la roue, tandis que la fourche d'arrière est supprimée et remplacée par deux paires de petits tubes partant toutes deux de l'axe de la roue de derrière pour aboutir, l'une à l'axe des manivelles, l'autre à la tige de support de selle. Quelquefois, du reste, deux tendeurs sont également ajoutés à l'avant comme dans la forme en croix.

Bicyclette à cadre.

La bicyclette *à cadre* est celle où le système des tendeurs est supprimé, ainsi que le corps en croix, remplacé par un cadre complet allant de la tête au support de selle, puis à l'axe de la roue de derrière, et de là à l'axe des manivelles pour venir se terminer à la tête de la machine.

Les cadres des bicyclettes sont de deux sortes principales : ceux qui affectent la forme du *losange* et ceux qui se rapprochent davantage du *pentagone*. Dans ceux-ci, les tubes qui rejoignent la tête sont plus écartés et la tête forme un cinquième côté plus petit que les quatre autres.

Il a été aussi établi d'autres formes de cadres, plus ou moins bizarres, mais qui ne paraissent pas présenter d'avantages sérieux.

Bicyclette à corps droit.

Le cadre se compose de tubes tantôt droits, tantôt courbes, au moins pour la partie de devant. Les tubes droits sont toujours préférables, parce qu'ils présentent plus de rigidité.

Le cadre doit être séparé en deux parties par un autre tube appelé *entretoise* et allant du support de selle à l'axe des manivelles.

Ce tube est tantôt droit, tantôt courbe pour suivre fidèlement la forme de la roue.

Sa présence est nécessaire pour maintenir l'écartement du cadre et empêcher qu'il ne fléchisse sous le poids du vélocipédiste.

En l'absence de l'entretoise, les angles du cadre fatiguent beaucoup et risquent de finir par céder, le poids du corps portant sur l'un des angles et tendant à écarter les autres; aussi les bicyclettes munies d'une entretoise sont-elles beaucoup plus rigides et solides que celles qui n'en ont pas.

La bicyclette *de dame* est d'une forme particulière;

le corps part de la tête et forme une ligne courbe qui descend le long de la roue de devant, tourne en sens opposé pour aller rejoindre l'axe des manivelles, puis remonte le long de la roue de derrière pour se terminer à la tige de la selle.

Grâce à cette disposition, les jupes trouvent à se placer commodément.

La chaîne est complètement entourée d'un étui spécial, dit garde-chaîne; un autre étui, dit garde-roue, en cuir ou en métal à claire-voie, enveloppe le tiers environ de la roue de derrière. Ces deux appareils ont pour but d'empêcher les jupes de se prendre dans la chaîne ou dans les rayons de la roue de derrière.

Bicyclette Diamant.

Une tige de tension solide et mobile allant du support de la selle à la tête permet de transformer ce type de machine et d'en faire une bicyclette pour homme affectant la forme du cadre.

Le cadre de la bicyclette doit être *indéformable*, c'est-à-dire qu'il doit garder une forme constante et ne pas varier par suite des nécessités de la tension de la chaîne qui sera toujours indépendante. Les cadres d'une seule pièce sont donc préférables à ceux dont les angles sont réunis par des boulons et des écrous, et qui finissent, à la longue, par se desserrer et prendre du jeu.

SES AVANTAGES

Les avantages inhérents à la bicyclette sont nombreux. Énumérons les principaux :

La *sécurité* est le premier de tous, celui qu'on cherchait tout d'abord et qu'on a obtenu dans une proportion déjà fort raisonnable. Grâce à la disposition spéciale de la machine, où le poids du vélocipédiste repose en grande partie sur la roue de derrière, les chutes en avant par-dessus le guidon sont devenues à peu près impossibles; aussi le vélocipédiste expérimenté peut-il descendre les pentes les plus rapides sans appréhension et à bonne allure, en se servant de son frein.

Le *bagage* est très facile à installer sur la bicyclette et, en le répartissant d'une façon judicieuse sur les deux roues, on changera peu la direction et l'on n'augmentera pas sensiblement le tirage. La bicyclette se prête admirablement à transporter autant de bagage qu'un vélocipédiste peut en exiger pour le plus long voyage.

Le *remisage* de la bicyclette offre généralement peu de difficultés. En supposant que le vélocipédiste ne possède pas de remisage spécial soit à lui, soit à sa société, il trouvera facilement à remiser sa machine chez lui au pied d'un escalier, où il l'enchaînera.

Dans le cas où cela ne lui serait pas possible, il pourra toujours, même s'il habite les étages supérieurs, transporter sa bicyclette sur son épaule dans les escaliers. Les bicyclettes à cadre sont plus facilement transportables que les autres.

La *nuit*, la bicyclette présente une assez grande

sécurité pour qu'on puisse voyager sans crainte, si l'on marche à une allure modérée; une bonne lanterne suffit, en effet, pour montrer les plus gros obstacles, et les plus petits ne peuvent occasionner une chute à un vélocipédiste habile. Sous ce rapport, la bicyclette est presque l'égale du tricycle et bien supérieure au bicycle.

Les *passages difficiles* des routes sont franchis avec la bicyclette mieux qu'avec tout autre genre de machine. Ainsi, lorsqu'une route est empierrée ou mal pavée et qu'il faut prendre les trottoirs, on peut, sans danger de chute, les monter lorsqu'ils ne sont pas trop hauts, se servir du petit sentier tracé par les piétons, et descendre de même les trottoirs en prenant seulement la précaution de se soulever sur les pédales pour soulager la machine et de ne pas faire toucher le garde-crotte. Ces opérations sont très périlleuses et souvent impossibles avec le bicycle.

Les *caniveaux*, si profonds qu'ils soient, peuvent être aisément franchis à bicyclette avec un peu de précaution.

Les *obstacles* tels que branches d'arbre, pierres de dimensions moyennes n'occasionnent pas la chute d'un bicyclettiste habile et ne lui causent qu'une secousse plus ou moins forte.

Le *transport* de la bicyclette en chemin de fer ou en voiture est très facile, et pour un trajet un peu long il suffit de tourner le guidon dans le sens de la machine et de dévisser les pédales, pour que la bicyclette ne tienne plus qu'une place très restreinte; dans ces conditions elle est bien moins sujette à avaries que le tricycle.

La *descente de selle* s'opère avec la bicyclette plus vite et plus sûrement qu'avec n'importe quel autre genre de machine; c'est un point important au cas d'un obstacle se présentant subitement, tel qu'un cheval ou une voiture lancés dans un chemin étroit : avec un coup de frein on arrête la machine et l'on descend facilement en arrière, tandis qu'en bicycle on tomberait en avant et en tricycle on resterait quelque temps enfermé dans sa machine, au risque d'un accident que la bicyclette permettra d'éviter.

SES INCONVÉNIENTS

Comme il n'y a pas de machine parfaite, la bicyclette a quelques inconvénients qui lui sont propres :

Le *glissement* des roues et surtout de la roue de derrière. Cet inconvénient, qui est le principal et le plus dangereux de la bicyclette, provient de la séparation de la direction et du mouvement qui affectent chacun une roue au lieu d'être centralisés dans la même roue, comme dans le bicycle.

La bicyclette présente peu de stabilité sur le pavé gras où, par suite des inégalités du sol, les deux roues se trouvant souvent dans un plan différent tendent à se dérober, spécialement la roue de derrière.

L'asphalte mouillé est aussi très dangereux pour la bicyclette, surtout s'il est gras ; il en est de même du pavé de bois, spécialement quand il est neuf et présente une surface très unie.

Le macadam est également très glissant, surtout lorsqu'il est fait avec du terrain argileux devenant facilement gluant.

Ce danger du glissement des roues est particulièrement sensible en ville, et spécialement à Paris où, par suite de la pluie ou de l'arrosage, les bicyclettistes sont condamnés à prendre beaucoup de précautions et sont même obligés de s'abstenir complètement d'aller sur le pavé, quand il est trop mauvais, et cela sous peine d'accident presque certain.

Sur route ce péril est moins grand, mais il est encore très sensible quand le terrain est très poussiéreux (alors les roues n'adhèrent pas bien) et surtout quand il est détrempé et argileux, ce qui devient très dangereux dans les descentes ou lorsqu'on se trouve sur le bord d'une route bombée.

Les caoutchoucs pneumatiques, en raison même de leur élasticité, sont plus enclins que les autres à déterminer le glissement des roues, surtout dans les virages qui devront être faits très lentement et sans incliner la machine de côté, et aussi au moment où le bicyclettiste descendant par la pédale est un moment suspendu en l'air, auquel cas la roue de derrière a beaucoup de tendance à chasser.

La *chaîne* est un des inconvénients principaux de la bicyclette et peut devenir souvent une source d'ennuis, spécialement par les temps de pluie où elle se remplit de boue, se tend quelquefois à bloc au point d'empêcher la roue de tourner et risque de se briser sous l'effort. Cet inconvénient est commun au tricycle; il n'y a que le bicycle qui en soit exempt. On peut le diminuer sensiblement en ayant un soin spécial de sa chaîne.

La *direction* de la bicyclette est, sinon difficile, du moins sensiblement plus délicate que celle du bicycle. Elle exige, en effet, une constante attention et ne permet pas comme le bicycle à un vélocipédiste expérimenté de lâcher les mains en toute sécurité. La chose est possible, il est vrai, avec une certaine habitude et sur certains types de bicyclette, mais elle est toujours aventureuse et peut devenir périlleuse en occasionnant une chute, par suite d'un simple moment d'inattention. Elle n'est donc pas d'une application pratique constante.

SON AVENIR

A moins qu'il ne surgisse une machine nouvelle réunissant tous les avantages du bicycle et de la bicyclette, et supprimant les inconvénients inhérents à tous les deux, il est désormais certain que la bicyclette est la machine de l'avenir.

Beaucoup de tentatives ont été faites depuis son apparition, soit pour la supplanter, soit pour la modifier dans ses parties essentielles; mais ces tentatives ont échoué jusqu'ici, et la bicyclette reste établie selon son type primordial, ne subissant d'améliorations que dans ses parties accessoires, sans que son principe même soit modifié.

On a fait à la bicyclette le reproche d'être disgracieuse et d'avoir tué la poésie du véloce, si bien incarnée dans le bicycle.

Le reproche est en grande partie fondé. Il est certain que la bicyclette n'a pas l'aspect léger ni l'allure souple du bicycle et que le bicyclettiste n'a pas la silhouette élégante et sportive du bicycliste. Par sa position rapprochée de terre, le bicyclettiste semble plutôt, de loin, courir à pied que voltiger en l'air comme paraît le faire le bicycliste; mais ces considérations d'ordre purement sentimental ne sauraient prévaloir contre la marche inéluctable des événements qui poussent invinciblement les hommes à préférer l'utile à l'agréable, surtout à notre époque qui devient de plus en plus pratique.

Si, en effet, la bicyclette est inférieure au bicycle au point de vue de l'élégance, elle lui est bien supérieure au point de vue de l'utilité, d'où sa victoire indiscutable et définitive sur son aîné.

Le plus grand service que la bicyclette ait rendu à la vélocipédie, c'est d'en développer le goût dans des proportions inconnues jusque-là, parce que sa conformation même la met à la portée de tous les âges et de toutes les aptitudes.

S'il suffit, en effet, de s'asseoir sur un tricycle et d'actionner les pédales pour marcher du premier coup, on n'en peut dire tout à fait autant de la bicyclette; mais il est certain qu'avec un professeur prudent et habile n'importe quel homme, à moins qu'il ne soit infirme ou impotent, peut apprendre en quelques leçons à marcher convenablement en bicyclette.

C'est à cette facilité d'apprentissage comme à la sécurité que présente la machine qu'est due l'immense extension du tourisme vélocipédique dans ces dernières années; la bicyclette en a été le facteur principal; aussi les neuf dixièmes des machines qu'on rencontre sur route sont-elles actuellement des bicyclettes, et ce mouvement ne fera que s'accentuer dans l'avenir, à moins d'inventions nouvelles supérieures, mais encore à l'état de rêve.

Cette invasion de la bicyclette sur les routes a eu un corollaire sur les pistes où elle a commencé par disputer la palme aux bicycles, pour continuer par les égaler et finir par les vaincre.

Tout d'abord son avantage se montrait seulement sur les terrains défectueux; mais bientôt, grâce surtout à l'introduction des caoutchoucs pneumatiques, elle a eu raison des bicycles, même sur les pistes spéciales.

En France, la bicyclette a été adoptée par tous les coureurs et les plus fidèles du bicycle ont fini par l'abandonner devant l'infériorité qui en résultait pour eux.

En Angleterre même, les courses de bicyclettes font concurrence aux courses de bicycles, si fort en honneur il y a peu de temps encore, et les meilleurs coureurs, tentés par la vitesse supérieure de la petite machine, tendent visiblement à abandonner peu à peu la grande.

Il ne reste donc plus qu'à souhaiter à la bicyclette de continuer son œuvre bienfaisante et propagatrice, de vaincre les dernières résistances et les suprêmes préjugés, et de conquérir le monde entier à la vélocipédie.

Le chemin a été déjà bien préparé par toutes les tentatives antérieures, mais aucune machine ne présentait des qualités suffisantes pour vulgariser d'une façon absolue le sport nouveau.

Par ses qualités spéciales, la bicyclette seule est capable de mener à bien cette œuvre, devant laquelle avaient échoué ses devancières.

CHAPITRE IV

LE TRICYCLE

Tant que la vélocipédie n'avait à sa disposition que des bicycles, elle n'a eu pour adeptes que des jeunes gens ou des hommes encore lestes et audacieux ; elle était donc condamnée à un champ d'action limité et ne pouvait songer à pénétrer dans les masses profondes du public, qui ne pouvait se lancer impunément dans un exercice légèrement acrobatique et demandant une étude périlleuse et prolongée.

C'est alors qu'on chercha à vulgariser la vélocipédie en construisant des machines qui pussent être montées sans grand apprentissage et fussent à la portée de tous les âges et de toutes les aptitudes.

La grande difficulté du bicycle consistait dans sa

hauteur et surtout dans son équilibre instable provenant de ce qu'il n'avait que deux points d'appui sur le sol.

Pour remédier à ces inconvénients, on eut l'idée de construire des machines à trois roues sur lesquelles l'équilibre fût stable.

SES TRANSFORMATIONS

En fait, le premier tricycle ne fut pas autre chose que la machine d'enfant qu'on rencontre encore dans les bazars, et qui était un bicycle à la petite roue duquel on avait substitué un axe portant à ses extrémités deux petites roues.

Cette machine ne pouvait devenir pratique, parce que le centre de gravité, étant placé très haut, lui enlevait toute stabilité, surtout dans les virages où le train de derrière, ne pouvant s'incliner comme dans le bicycle, suivait difficilement la direction et amenait des chutes fréquentes.

Le premier modèle pratique de tricycle fut établi par un constructeur anglais, du nom de James Starley.

Cette machine se composait d'un bâti tubulaire à lignes courbes, aboutissant aux moyeux de deux grandes roues parallèles placées devant et supportant un siège fixé entre les deux roues. Le corps se prolongeait pour aller rejoindre l'axe coudé qui portait les manivelles ; il se terminait en arrière par un tube courbé descendant pour se former en fourche et recevoir la roue de derrière.

Le signe caractéristique de cette nouvelle machine était le mouvement qui se donnait à l'aide d'une chaîne fixée sur deux pignons, l'un à l'axe des manivelles, l'autre au moyeu de l'une des grandes roues.

Le tricycle ne date donc réellement que du jour de l'introduction de la chaîne dont l'usage s'est depuis généralisé et dure encore, malgré tous les essais,

Tricycle (type Salvo).

encore infructueux, qui ont été tentés pour la supprimer et la remplacer par un autre mode de transmission.

La direction se faisait à l'aide de poignées fixées à une tige qui communiquait avec une autre tige portant des dents de crémaillère et actionnant la roue de derrière.

Ce premier type de tricycle ne fut que le prélude d'un grand nombre de modèles créés depuis lors.

Tout d'abord on conserva la forme générale du premier tricycle, mais en le retournant; on mit la roue directrice devant. Ce modèle eut pendant quelque temps un grand succès sous le nom de *Salvo*.

Le premier modèle montait mieux les côtes parce qu'il n'y avait rien devant pour gêner le mouvement

Le premier tricycle (Coventry, 1877).

des grandes roues, mais il était dangereux aux descentes parce que le vélocipédiste ne voyait pas sa roue directrice et ne pouvait se rendre qu'un compte approximatif de la direction, qui demandait une main très expérimentée.

Dans le second modèle, la direction était au contraire visible et meilleure, puisqu'elle se faisait par la roue de devant; mais cette roue présentait une résistance assez grande aux montées.

On chercha à concilier les avantages des deux machines en supprimant leurs inconvénients et l'on.

créa le type dit *Rotary*, qui se composait d'une grande roue motrice d'un côté et de deux petites roues directrices de l'autre côté, placées l'une derrière l'autre et actionnées par une tige de direction à crémaillère.

Ce tricycle avait l'avantage d'être plus étroit que les types précédents et de pouvoir passer à travers bien des portes, ce qui était une qualité appréciable dans beaucoup de cas; de plus il ne présentait que deux

Tricycle « l'Imbattable ».

voies, les deux petites roues étant placées dans le même plan; par contre il versait facilement et virait avec beaucoup de difficulté, spécialement du côté de la grande roue.

Un autre modèle apparut à son tour, qui fut baptisé du nom d'*Imbattable*. Ce nouveau type se rapprochait sensiblement du bicycle. Il se composait, en effet, à l'arrière, d'un corps sur lequel était fixée la selle et qui aboutissait à une fourche portant la roue de derrière. A l'avant, ce corps était adapté à une tête articulée portant à son extrémité supérieure un guidon et aboutissant par l'autre bout à un pont supportant l'axe des deux grandes roues. La chaîne était au centre au-dessous du tube qui servait de prolongement à la tête et allait rejoindre l'axe des manivelles.

Cette nouvelle machine avait des qualités spéciales ; elle virait très bien et montait aisément les côtes. Par contre, elle était d'une sensibilité de direction extrême qui la rendait très dangereuse, surtout dans les descentes rapides, où elle s'emballait comme un bicycle et était très difficile à retenir. En effet on ne pouvait se servir du frein qu'avec discrétion et prudence, sous peine d'être exposé à piquer une tête par-dessus le guidon.

L'Imbattable ne devint donc pas d'un usage général à cause du danger qu'il présentait et du long apprentissage nécessaire pour arriver à le manier avec sécurité ; il resta l'apanage de quelques vélocipédistes habiles ou aventureux.

Les inconvénients de l'Imbattable frappèrent un coureur anglais nommé Cripps, qui eut l'idée de faire pour ce genre de tricycle ce qui avait été fait auparavant pour les machines à crémaillère. Il trouva le moyen de le retourner et de mettre la petite roue devant, tout en conservant la direction à l'aide du guidon.

De là vint le modèle appelé *Cripper*, du nom de son inventeur, et qui depuis ce temps s'est généralisé et a supplanté tous les autres types antérieurs de tricycles.

De ce jour commença réellement le grand succès du tricycle et sa vulgarisation générale.

Le Cripper présentait en effet tous les avantages des anciens tricycles au point de vue de la stabilité, et leur était très supérieur comme sécurité, à cause de la direction qui était bien meilleure. Aussi, depuis ce temps n'a-t-on guère construit que des tricycles établis sur ce modèle et dont les variantes n'ont porté que sur la hauteur des roues, leur écartement ou la forme du corps de la machine.

Quelques essais ont été faits pour modifier la direction et certains tricycles se sont fait remarquer par

Tricycle (type Cripper).

des systèmes spéciaux dans ce sens, mais ces derniers n'en conservaient pas moins la forme générale du Cripper, qui semble devoir être le modèle définitif du tricycle.

La grande révolution qui s'est accomplie dans la construction des tricycles a consisté dans la diminution progressive de leur volume et, par conséquent, de leur poids, dans la simplification de leur cadre et enfin dans l'abaissement de leurs roues.

Avant qu'on ait songé à la multiplication, les premiers tricycles avaient des roues de $1^m,30$ de hauteur. On en vit même avec des roues géantes de 2 mètres au milieu desquelles le vélocipédiste avait l'air d'un singe s'agitant dans une cage. Mais c'étaient là des excentricités qui ne pouvaient prendre dans le public. Peu à peu on s'aperçut qu'on pouvait diminuer avec profit la hauteur des roues, grâce à la multiplication.

Tricycle quadrant.

Dès qu'on fut entré dans cette voie, les progrès furent rapides. Les grandes roues s'abaissèrent à $1^m,20$, à $1^m,10$, puis à 1 mètre.

Pendant ce temps, la petite roue, qui avait commencé par être trop exiguë par rapport aux grandes, augmenta de diamètre, ce qui supprima un des principaux inconvénients passés et donna une plus grande douceur de roulement avec une aptitude bien supérieure à monter les côtes. En effet, la petite roue par son faible diamètre était obligée à faire un nombre considérable de tours par rapport aux grandes, ce qui donnait beaucoup de tirage et d'usure; de plus, par suite de l'angle formé avec le sol par la ligne passant de l'axe des grandes roues à l'axe de la petite, elle avait une forte tendance à s'enfoncer en terre, présentant ainsi une résistance énorme, d'autant plus sensible aux montées.

En face de cette constatation, on continua dans cette voie; les grandes roues furent abaissées de nouveau à $0^m,90$, $0^m,80$ et $0^m,75$. Elles descendirent même à $0^m,70$, spécialement pour les machines de course.

La petite roue suivit une marche opposée et de $0^m,59$ monta à $0^m,60$ et $0^m,70$. Elle arriva même à égaler les grandes et quelquefois à les dépasser; mais cet excès fut abandonné et les machines revinrent peu à peu à des proportions plus justes.

Actuellement la petite roue oscille entre $0^m,65$ et $0^m,70$ et les grandes roues entre $0^m,75$ et $0^m,85$, et ces dimensions semblent devoir rester définitives.

Un des plus grands perfectionnements apportés aux tricycles est l'invention du *mouvement différentiel* due au constructeur anglais James Starley. Cette partie de la machine est placée sur l'axe des grandes roues; elle se compose d'un ensemble d'engrenages formé par quatre pignons dentés, deux grands et deux petits, placés perpendiculairement par couples, de telle sorte que les roues, solidaires en marche ordinaire en ligne étroite, deviennent indépendantes dans les virages. On comprend, en effet, que dans les virages la roue intérieure fait moins de chemin que la roue extérieure; donc elle doit déraper et frotter fortement sur le sol si elle est liée à la roue extérieure, ce qui doit entraîner, en outre, un grand effort de torsion sur l'axe. Le mouvement différentiel a eu pour résultat de parer à cet inconvénient en permettant à chaque roue de tourner sur le sol en proportion exacte du chemin parcouru par chacune d'elles. Grâce à cet expédient, les deux roues peuvent tourner en sens inverse; pendant ce temps les pédales sont immobiles; par contre, si l'on actionne une pédale, les deux roues se mettent à marcher ensemble et dans le même sens. Le mouvement différentiel, très facile à comprendre quand on en voit le fonctionnement, est toujours un sujet d'étonnement pour ceux qui ne le connaissent pas, d'autant plus que la plupart du temps il est invisible et enfermé dans une boîte ayant pour but de le mettre à l'abri de la pluie et de la poussière.

SES AVANTAGES

Les avantages du tricycle sont multiples et peuvent se résumer aux suivants qui sont les principaux :

La question d'équilibre; la question de l'apprentissage; la question de monter et descendre; la question du bagage; la locomotion en temps de nuit.

La question d'*équilibre :*

Le tricycle est une machine éminemment confortable et utilitaire. Par son équilibre naturel, qui résulte de sa forme même, le tricycle exclut toute idée d'acrobatie; il s'adresse donc tout spécialement aux hommes que leur âge, leur poids ou leur manque d'aptitude aux exercices d'adresse obligent à rechercher avant tout la sécurité.

La question de l'*apprentissage :*

Le tricycle est la machine qui demande le moins d'apprentissage pour s'en servir convenablement au point de vue du tourisme ou de la simple promenade. On peut, sans étude préalable, monter dessus et s'en servir dès le premier essai. Grâce à quelques indications principales et à quelques précautions à prendre, spécialement dans les virages, on peut s'affranchir des chutes qui accompagnent presque forcément l'apprentissage du bicycle ou même de la bicyclette, et cette perspective seule détermine un certain nombre de personnes à devenir et à rester tricyclistes.

La question de *monter* et *descendre :*

Le tricycle présente une très grande facilité pour monter dessus et en descendre par n'importe quel temps et sur toutes sortes de terrains. On est donc certain, si l'on veut quitter sa machine, de pouvoir le faire en tout temps et de pouvoir remonter de même, si par suite d'une circonstance quelconque on a mis pied à terre.

La question du *bagage :*

Le tricycle est la machine qui est la plus commode au point de vue du bagage. C'est en effet sur le tricycle qu'on peut mettre la plus grande somme de bagage, et cela dans la meilleure position pour ne pas gêner la marche ni la direction de la machine. Cette considération est d'un grand poids pour ceux qui font de longs trajets en vélocipède et qui font passer l'idée de leur agrément personnel avant toute autre considération.

La locomotion en temps de *nuit :*

Le tricycle est la machine la plus sûre pendant la nuit. En effet, à moins de rencontrer un obstacle exceptionnel ou de marcher à une vitesse exagérée, ce qui est très imprudent, on est à peu près à l'abri de tout accident la nuit sur un tricycle, car les obstacles ordinaires qu'on peut rencontrer sur la route ne sont pas suffisants pour occasionner une chute et l'on en est quitte pour une secousse plus ou moins forte.

SES INCONVÉNIENTS

Les inconvénients du tricycle sont de plusieurs sortes :

La question de poids; la question de tirage; l'état et la configuration du sol; la résistance contre le vent;

la question de prix; la question d'entretien et de réparations ; la question du remisage.

La question de *poids :*

Tout d'abord le tricycle est la machine la plus lourde parmi celles qui sont destinées à un vélocipédiste isolé. Si léger en effet qu'on puisse l'établir, il aura toujours sur les machines à deux roues l'excédent de poids d'une roue et d'un supplément de corps tel que l'axe et le pont qui le supporte. Or le poids est un facteur important en matière de locomotion et qui se fait à la longue sentir d'une façon impérieuse.

La question de *tirage :*

Par suite de ses trois points de contact avec le sol, le tricycle présente en outre plus d'adhérence et par conséquent plus de tirage que les machines à deux roues. Il est vrai que, par la répartition du poids sur ses trois roues, aucune d'elles n'est autant chargée que la roue de derrière d'une bicyclette, par exemple; mais il n'en reste pas moins acquis que l'ensemble de ses trois roues présente un tirage supérieur, qui sera particulièrement sensible dans les montées et dans les terrains sablonneux ou détrempés par la pluie.

L'état et la configuration du *sol :*

Sur un terrain plat et sans ondulations ni obstacles, le tricycle marche admirablement; mais il présente un grand désavantage si le terrain est en mauvais état, onduleux, défoncé, caillouteux ou détrempé. Les ondulations sont très fatigantes pour le vélocipédiste qui est secoué de droite à gauche dans un mouvement de roulis qui nuit beaucoup à la propulsion. Lorsque la route n'est empierrée que partiellement et par petites places, le tricycle trouve beaucoup de difficultés à se mouvoir entre tous ces obstacles afin de rester sur le bon terrain. Le tricycle est aussi très désavantagé sur les routes où de profondes ornières sont tracées par les roues des voitures et les pieds des chevaux, car le tricycliste est condamné à avoir au moins une ou peut-être deux de ses roues dans le mauvais terrain; de même dans les routes pavées ou entièrement empierrées, quand il est obligé de prendre les accotements qui souvent sont en terre molle et gazonnée : en ce cas, on ne trouve parfois qu'un sentier étroit tracé et où les machines à deux roues peuvent bien se mouvoir, tandis que le tricycliste ne peut y mettre que sa roue directrice; souvent les trottoirs mêmes sont trop étroits pour la machine et le tricycliste est obligé de marcher à pied, tandis que ses compagnons continuent sur leurs machines à deux roues.

La résistance contre le *vent :*

Le tricycle offre plus de résistance au vent que les machines à deux roues, circonstance particulièrement sensible en cas de vent debout.

La question de *prix :*

Le tricycle est plus cher que les machines à deux roues. A qualité égale, l'écart est de plus d'un quart, ce qui est à considérer, surtout dans les machines de luxe où l'excédent devient rapidement considérable.

La question d'*entretien* et de *réparations :*

Le tricycle, étant la machine la plus compliquée, est par suite la plus fragile et celle qui demande le plus d'entretien. Elle est aussi la plus sujette aux avaries, spécialement dans ses grandes roues qui se voilent facilement, surtout si elles sont montées à jantes pleines.

La question du *remisage :*

Un des plus graves inconvénients du tricycle est la

difficulté qu'il présente au point de vue du remisage. En effet, par suite de sa largeur, il ne peut passer par une porte de dimensions ordinaires ; il lui faut des portes doubles ; de plus, par sa forme, il est très embarrassant et peu facilement transportable. Cet inconvénient est sensible particulièrement à Paris pour ceux qui habitent les étages supérieurs et qui sont obligés ou de chercher un remisage spécial ou de laisser leur machine en pension chez un marchand, ce qui dans les deux cas entraîne des dérangements et des dépenses supplémentaires.

SON AVENIR

Le tricycle est une machine dont l'usage ne disparaîtra probablement jamais, parce qu'il s'adresse à une catégorie de personnes dont le recrutement est indéfini, par suite de certaines considérations majeures, qui existeront toujours.

Pourtant, de même que le tricycle avait porté un coup sensible au bicycle, de même il a subi à son tour un assaut, beaucoup plus redoutable encore, de la bicyclette.

Non pas qu'il n'y ait que les hommes lourds ou maladroits pour adopter de préférence le tricycle. Cette machine recrute aussi des fidèles parmi les hommes encore jeunes et légers qui, ne voulant pas monter à bicycle, préfèrent se soustraire à la préoccupation constante qu'exige la bicyclette ; d'autres, enfin, marchent mieux avec le tricycle qu'avec n'importe quelle autre espèce de machine : mais cette double catégorie n'en constitue pas moins l'exception.

Donc, à moins de cas tout à fait spéciaux et provenant soit de l'âge, soit du poids, soit du goût inné de certains vélocipédistes pour le tricycle, il faut s'attendre forcément dans un délai prochain, et surtout en face du perfectionnement incessant des machines à deux roues, à voir le tricycle disparaître peu à peu et se resserrer dans un cercle de plus en plus étroit, pour finir par ne figurer qu'en faible proportion dans l'ensemble de la circulation vélocipédique.

CHAPITRE V

LES MACHINES MULTIPLES

Les machines multiples, c'est-à-dire à plusieurs places, peuvent se considérer aux deux points de vue suivants :

Le nombre des roues ;

Le nombre et la position respective des vélocipédistes.

Au premier point de vue, elles sont tricycles, quadricycles ou multicycles ; au second, elles se divisent en sociables et tandems.

LE SOCIABLE

Le sociable est la machine où les deux vélocipédistes sont côte à côte.

Ce fut le premier type de machine construit pour

deux personnes ; ce n'était autre chose qu'un tricycle plus large qu'un tricycle ordinaire et portant deux paires de pédales accouplées. On le fit convertible à une place ou non convertible. Certains modèles furent établis à quatre roues et même destinés à quatre vélocipédistes, placés en deux paires. Tel fût le « Rotary ».

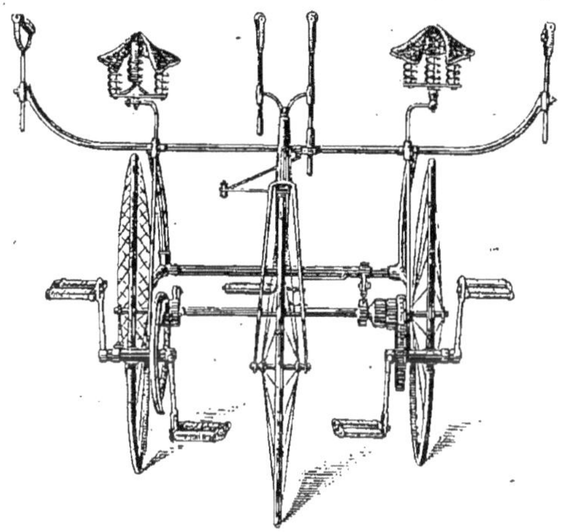

Le sociable.

Plus tard, on eut l'idée de réunir ensemble deux bicyclettes par des tiges d'accouplement, formant ainsi un quadricycle, démontable à volonté.

Le sociable-tricycle n'eut pas un grand succès, parce qu'il présentait plus d'inconvénients que d'avantages.

Tout d'abord les vélocipédistes, par leur position sur le même plan, offraient à l'air une résistance double, circonstance très défavorable à la marche en cas de vent debout ; d'autre part, l'axe avait une largeur exagérée : il fallait donc l'établir très fort et très lourd sous peine de le voir faiblir sous le double poids des deux vélocipédistes. Enfin, ces derniers, n'étant jamais de force égale, n'agissaient pas également sur l'axe, ce qui amenait la torsion de celui-ci.

Quant au sociable-bicyclette, il n'a jamais été d'un usage courant, ne présentant aucun avantage spécial et ayant les inconvénients les plus graves du sociable-tricycle.

Le seul avantage du sociable était la faculté qu'il donnait de causer à l'aise à cause de la position parallèle des vélocipédistes, mais cela n'était pas suffisant pour compenser tous ses inconvénients; aussi le sociable fut-il abandonné et les rares machines de ce genre qu'on rencontre encore semblent des engins d'un autre âge.

LE TANDEM

Une fois qu'on eut reconnu les inconvénients résultant de la position parallèle des vélocipédistes, on

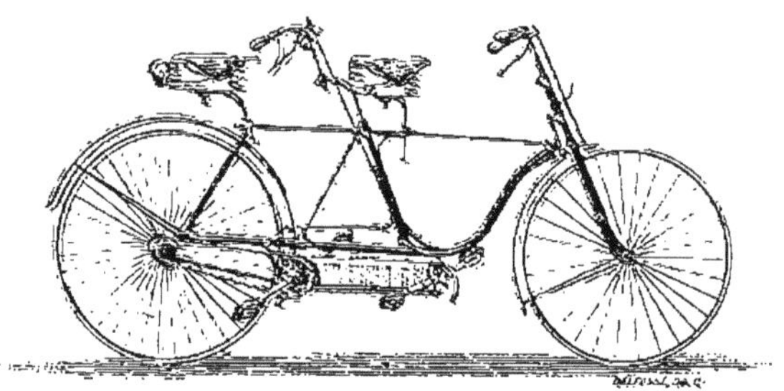

Tandem-bicyclette.

pensa à y remédier en les plaçant l'un derrière l'autre. D'où l'invention du tandem.

Ce type de machine a été établi à deux, trois et quatre roues.

A deux roues, il a revêtu la forme du bicycle ou de ɛbicyclette.

Le tandem-bicycle était formé des deux grandes roues de deux bicycles, munies de leurs fourches et dont on avait enlevé les corps et les roues de derrière. Ces deux roues étaient réunies par une tige allant d'une tête à l'autre. Cette machine n'eut pas de succès,

Tandem-tricycle « Invincible

à cause de la direction qui était très dangereuse ; d'ailleurs, elle n'avait aucun des avantages spéciaux au bicycle, auquel elle ne ressemblait nullement : aussi n'entra-t-elle jamais dans l'usage courant.

Le tandem-bicyclette a eu plus de succès. Tout d'abord, il a le même aspect qu'une bicyclette, dont il ne diffère que par la longueur et les modifications de détail nécessaires à la présence de deux vélocipédistes sur la même machine. Il peut être établi notablement plus léger que deux bicyclettes séparées ; il n'a que deux points d'adhérence au sol comme une bicyclette ordinaire ; la direction en est facile : toutes ces raisons l'ont mis en faveur auprès de certains vélocipédistes.

Le tandem-tricycle est encore d'un usage plus courant. Sa direction est, en effet, aussi facile et, dans certains types de machines, plus facile que celle d'un tricycle ordinaire. Il y a une économie considérable de poids et de frottement relativement à deux tricycles séparés : aussi cette machine est-elle assez en faveur, surtout pour monter avec une dame.

Le tandem-quadricycle est une variété du précédent,

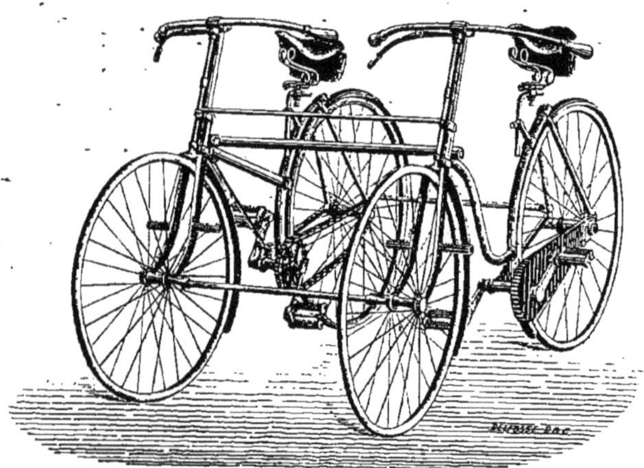

Tandem-sociable.

sur lequel il a l'avantage de ne présenter que deux voies; en revanche, il est un peu plus lourd, à force égale de machine.

Par opposition au sociable, le tandem est resté assez en honneur dans certains cas particuliers.

Il est moins cher, moins lourd et moins embarrassant que deux machines séparées; il peut être très utile à deux personnes habituées à voyager ensemble.

Le tandem présente cet avantage que, lorsqu'un des vélocipédistes est fatigué, il peut se reposer en poussant moins, tandis que l'autre appuie en sens inverse. Les deux associés peuvent donc continuer à marcher, tandis qu'ils eussent dû s'arrêter s'ils eussent monté des machines séparées.

Par contre, cet avantage devient un inconvénient si l'un des vélocipédistes, par paresse ou fatigue, laisse faire à son partenaire la plus grosse partie de la besogne pendant trop longtemps, auquel cas celui-ci risque de s'éreinter complètement, ce qui oblige l'équipe à s'arrêter.

Tandem à parallélogrammes.

Donc, pour faire donner au tandem son maximum de rendement, il est nécessaire de le faire monter par deux vélocipédistes de force sensiblement égale et très habitués à marcher ensemble, afin qu'ils puissent faire coïncider exactement les moments d'effort et de repos, et ne pas s'exposer à se fatiguer successivement et au détriment l'un de l'autre.

Lorsque deux vélocipédistes seront bien formés à marcher ensemble en tandem, cette machine sera plus rapide qu'une machine simple du même type, car pour la même somme de force déployée le tandem sera plus léger, présentera moins de frottement et d'adhérence que deux machines : de plus, le tandem pourra être plus multiplié qu'une machine simple et le vélocipédiste de derrière sera efficacement protégé contre le vent. Dans ces conditions, le tandem devra battre toutes les autres machines similaires.

LES MACHINES A PLUSIEURS PLACES

Le tandem n'a été que le premier pas dans l'établissement des machines à plusieurs places.

Celle qui a le plus attiré l'attention est la triplette, qui est un tandem-quadricycle à trois places dans lequel le vélocipédiste du milieu tient la direction, tandis que les deux autres se contentent de pousser les pédales.

Cette machine, qu'on peut établir très légère relativement au nombre de ceux qui la montent, marche d'une façon extraordinaire sur les lignes planes et sur le bon terrain, mais elle monte assez difficilement les

Vélocipède des Jeunes Aveugles.

côtes à cause de son adhérence extrême et n'est pas pratique dans les terrains défoncés ou inégaux, à cause des secousses qu'elle produit et qui dérangent son assiette en gênant le coup de pédale de ceux qui la montent.

La triplette a l'avantage de permettre à l'un des vélocipédistes de se reposer tandis que les deux autres poussent, service qu'ils peuvent se rendre à tour de rôle; mais là encore il y a le même danger que pour le tandem, et l'abus de cette manière de marcher peut amener la fatigue définitive de toute l'équipe et son arrêt complet. D'autre part, son prix élevé la met hors de la portée de bien des bourses, et il n'est pas toujours facile de rencontrer trois personnes s'entendant ensemble pour la posséder en commun. Toutes ces raisons font que la triplette est un instrument exceptionnel et qui n'est pas destiné à se généraliser.

C'est pour mémoire seulement qu'il y a lieu de parler des machines à plus de trois places.

Certaines, qualifiées de machines de famille, ne sont que des fantaisies imaginatives nullement pratiques.

On est même allé jusqu'à construire des machines, à nombre indéterminé de places, composées de couples de roues ajoutés les uns au bout des autres comme un serpent articulé ; mais ces machines ne peuvent servir qu'à des usages strictement limités et exceptionnels, qui n'ont rien de commun avec la pratique courante; elles sont donc destinées à rester de simples curiosités mécaniques.

Citons parmi les applications les plus intéressantes qui en ont été faites, le « train vélocipédique » à huit places, construit pour l'Institut national des Jeunes Aveugles, et qui permet à sept enfants complètement privés de la vue, dirigés par un de leurs camarades à demi-clairvoyant, de participer aux joies du cyclisme.

CHAPITRE VI

L'ANATOMIE D'UNE MACHINE. — LES RAYONS

Les rayons des roues de vélocipèdes sont de deux sortes :

Les rayons directs et les rayons tangents.

Au début de la vélocipédie, on ne connut que les rayons directs. C'est, en effet, la disposition la plus simple et celle qui vient tout d'abord à l'esprit.

Tant que les roues des vélocipèdes furent en bois, il ne pouvait être question que de rayons directs.

Plus tard, lorsque les roues devinrent métalliques, les premiers rayons furent épais et grossiers.

Peu à peu, afin d'alléger la machine, on fit des rayons de plus en plus fins. Alors, à force de diminuer leur grosseur, on finit par compromettre la rigidité de la roue elle-même.

Les rayons directs, en effet, reçoivent les chocs provenant des aspérités du sol dans le sens de leur direction, et c'est de la même façon qu'ils supportent le poids du vélocipédiste. De plus, ils vibrent dans toute leur longueur. Donc, en les amincissant au delà d'une certaine limite, on les exposait à plier sous le poids ou à céder sous un choc violent et à entraîner l'affaissement de la jante insuffisamment maintenue. C'est ce qui arriva assez souvent.

Rayons directs (modèle Phantom).

D'autre part, l'effort des pieds entraînait toujours une tension des rayons dans le sens de la propulsion et les exposait à se briser près du moyeu, ce qui arrivait fréquemment quand les rayons étaient trop fins.

On était allé au delà du but, et l'on chercha les moyens de conserver aux roues leur légèreté, tout en n'enlevant rien à leur solidité et à leur rigidité.

On commença par mettre des rondelles d'appui à la sortie des rayons du moyeu, on fit même une série de cercles concentriques soudés aux rayons, à distances égales, entre le moyeu et la jante.

Tous ces moyens n'étaient pas la solution du problème et allaient même quelquefois à l'opposé. C'est alors qu'on finit par employer les rayons tangents.

Ceux-ci, en s'entre-croisant une et même plusieurs fois entre le moyeu et la jante, se soutiennent réciproquement. Leur vibration ne se produit plus que sur une longueur réduite, puisqu'elle est arrêtée à leur intersection; de plus la répartition du poids et des chocs est mieux partagée; enfin la torsion des rayons près du moyeu est supprimée.

Tout cela permettait de diminuer l'épaisseur des rayons sans en augmenter le nombre et de conserver à la roue la même rigidité.

Rayons divergents (modèle Phantom).

Ces différentes qualités mirent les rayons tangents à la mode, et pendant quelque temps ils furent considérés comme un perfectionnement notable.

Les rayons tangents reçurent du reste de nombreuses variantes; on les fit simples, se fixant au moyeu et à la jante, ou doubles, c'est-à-dire passant simplement par le moyeu et se fixant à la jante par les deux extrémités.

Ce fut un moment de grande vogue. Presque toutes les maisons de construction les adoptèrent. Néanmoins quelques-unes, et non des moins importantes, se refusèrent toujours à les employer.

Lorsque les rayons tangents furent transportés du bicycle au tricycle et à la bicyclette, on s'aperçut bientôt que les rayons tangents ne rendaient pas tous les bons résultats qu'on en attendait et étaient même sujets à quelques inconvénients.

S'ils donnent, en effet, aux roues plus de rigidité, il ne faut pas que cela aille à l'excès. Il est nécessaire que les roues conservent une certaine élasticité. Or les rayons tangents bien tendus rendaient les roues fermes comme des blocs, surtout quand elles étaient de petit diamètre, en supprimant à peu près toute vibration.

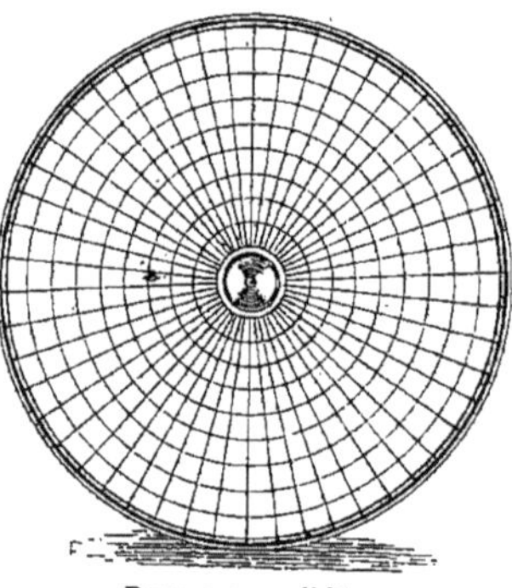
Rayons consolidés.

Dans ces conditions, la sensation du roulement devenait trop dure; la roue ne cédait pas sous les chocs et il en résultait pour le vélocipédiste une augmentation de fatigue et une diminution d'agrément.

On reconnut alors que, si les rayons tangents étaient préférables pour les roues de grand diamètre, ils ne présentaient plus les mêmes avantages pour les petites roues. On revint donc progressivement pour celles-ci aux rayons directs qu'on s'appliqua à perfectionner, surtout au point de vue de la diminution du danger de rupture et de la plus grande facilité de remplacement.

Les rayons tangents avaient sur les rayons directs ordinaires l'avantage de pouvoir se changer facilement et sans détériorer le moyeu, ce qui était difficile à éviter lorsque le rayon direct se cassait dans le moyeu.

Depuis, on a remédié à cet inconvénient de plusieurs manières : tantôt on a fait des rayons renforcés près du moyeu; alors, dans les cas, désormais très rares, de rupture, cette rupture se fait non plus à la sortie du moyeu, mais au-dessus de la partie renforcée, et se produisît-elle au moyeu que l'extraction du rayon serait considérablement facilitée; tantôt on a placé le rayon dans une gaine indépendante dont l'extraction facile entraîne celle du fragment de rayon brisé. Bref, on est arrivé à supprimer l'inconvénient principal du rayon direct en lui conservant ses qualités spéciales.

Aussi le voit-on reprendre progressivement sa place dans les tricycles et les bicyclettes, surtout depuis l'application des caoutchoucs creux ou pneumatiques de toute espèce qui ont supprimé en grande partie la vibration, si préjudiciable naguère aux machines.

Désormais il semble acquis que, pour la route ou pour les mauvaises pistes, le rayon direct renforcé près du moyeu est préférable au rayon tangent,; celui-ci conserve peut-être sa supériorité sur des pistes parfaites, en permettant de donner aux roues leur maximum de légèreté avec une résistance égale.

LES JANTES

On appelle « jantes » les cercles des roues sur lesquels sont fixés les caoutchoucs.

Il y en a de deux sortes : les jantes pleines et les jantes creuses.

Les jantes pleines sont formées d'un demi-tube en métal plein, renforcé vers le milieu, où doivent venir se fixer les rayons.

Elles ont le double défaut d'être les plus lourdes, devant être assez épaisses pour assurer la solidité, et les plus faciles à fausser par suite d'un choc ou d'une chute, ce qui amène le genre d'accident connu sous le nom de : *mettre sa roue en S*.

Par contre, les jantes pleines sont les plus faciles à

remettre en état, en cas d'avarie, et elles sont les moins chères.

Les jantes creuses sont formées de deux demi-tubes d'inégale section, courbés dans le même sens, se doublant, venant se rejoindre par les bords et laissant au centre un espace vide.

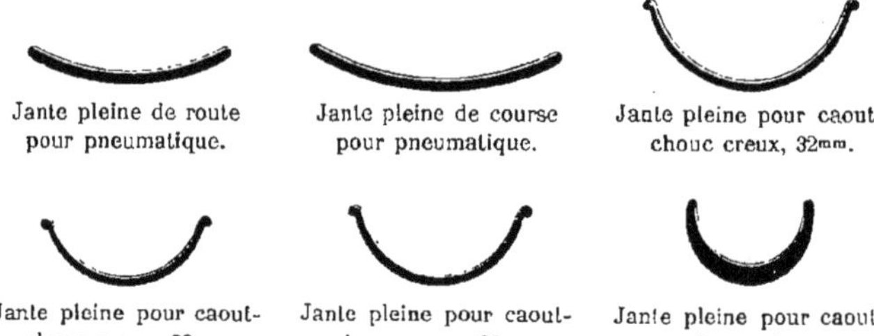

Jante pleine de route pour pneumatique. — Jante pleine de course pour pneumatique. — Jante pleine pour caoutchouc creux, 32mm. — Jante pleine pour caoutchouc creux, 28mm. — Jante pleine pour caoutchouc creux, 26mm. — Jante pleine pour caoutchouc plein.

Les jantes creuses sont tantôt d'une seule pièce et formées d'un tube étiré sans soudure, tantôt d'une pièce unique mais soudée, tantôt de plusieurs pièces

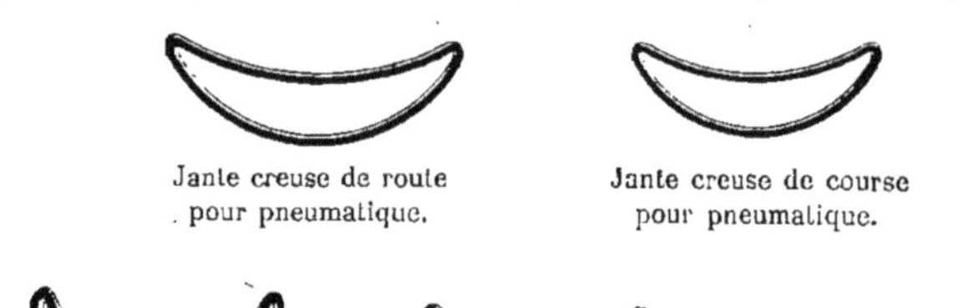

Jante creuse de route pour pneumatique. — Jante creuse de course pour pneumatique.

Jante creuse pour caoutchouc creux, 32mm. — Jante creuse pour caoutchouc creux, 28mm. — Jante creuse pour caoutchouc creux, 26mm.

rajoutées ensemble, juxtaposées ou se recouvrant, chaque système étant l'objet d'un brevet spécial.

Les jantes creuses sont les plus légères et les plus rigides, leur disposition tubulaire leur donnant une force de résistance inhérente à leur forme, qui permet d'arriver à les construire en métal très mince sans compromettre leur solidité.

Elles ont l'inconvénient d'être difficiles à réparer lorsqu'elles ont été faussées par suite d'un choc très violent; elles sont, de plus, sensiblement plus chères que les jantes pleines.

En résumé, les jantes creuses sont préférables aux jantes pleines; car avec les premières les chances d'accident sont bien moins nombreuses, ce qui doit être une des préoccupations principales du vélocipédiste. Aussi a-t-on l'habitude d'en mettre à toutes les machines de luxe, la question de différence de prix étant alors de peu d'importance auprès de la question de sécurité.

LES MANIVELLES

Les manivelles sont tantôt plates, tantôt rondes, voire même quelquefois creuses. Celles-ci ont été vite abandonnées, comme étant lourdes d'aspect et pas assez solides. Il est très important en effet que les manivelles soient très résistantes, car ces organes reçoivent directement l'effort du bicycliste.

Leur longueur doit varier en proportion de la hauteur du bicycle ou de la multiplication des autres machines, et cela selon une progression assez exacte, chaque centimètre de longueur de manivelle devant correspondre à 10 centimètres de diamètre de roue.

Ainsi on donnera aux manivelles des bicycles les longueurs suivantes : 12 centimètres pour une roue de $1^{m},20$; 13 centimètres pour $1^{m},30$, etc.

De même pour les machines multipliées : 15 centimètres pour $1^{m},50$; 16 centimètres pour $1^{m},60$, etc.

Ceci est la théorie, qui peut subir dans la pratique quelques variations peu importantes.

La longueur de 17 centimètres semble être celle que les manivelles ne doivent en aucun cas dépasser, parce qu'au delà les jambes sont obligées à une amplitude de mouvements fatigante, surtout pour les hommes petits; les hommes de grande taille supporteront plus facilement les longues manivelles, mieux en harmonie avec la longueur de leurs jambes.

D'autre part, plus les manivelles seront longues, moins les mouvements des jambes pourront être rapides. C'est un élément dont il faut tenir compte au premier chef, surtout en course.

Si les longues manivelles sont gênantes dans l'enlevage final, qui demande surtout de la vitesse des jambes, elles sont au contraire favorables pour un démarrage rapide.

C'est souvent là que réside le secret de l'anomalie apparente par laquelle un coureur est vainqueur ou vaincu avec la même machine et contre les mêmes adversaires, mais sur des pistes différentes.

Les grandes manivelles auront de l'avantage sur les pistes sans lignes droites appréciables et à virages fréquents et mauvais, où il sera impossible de faire de la vitesse; les manivelles moyennes reprendront leur supériorité sur les pistes à longues lignes droites ou à virages bien établis, où la vitesse devra l'emporter sur la force.

Certains coureurs et touristes changent la longueur de leurs manivelles selon le genre de piste ou de route qu'ils doivent rencontrer.

En cas de piste bonne ou de route plate, ils mettent leurs manivelles courtes; sur de mauvaises pistes ou des routes accidentées, ils allongent leurs manivelles.

Cette méthode, assez peu répandue d'ailleurs, n'est pas aussi bonne qu'on pourrait le croire.

Chaque vélocipédiste a une habitude moyenne qui lui est propre et qui convient le mieux à sa nature et à sa conformation. Il doit donc rechercher quelle est la longueur de manivelles qui lui donne la meilleure moyenne d'aisance et de force et, une fois qu'il l'a trouvée, ne plus s'en départir. La jambe, déjà prédisposée naturellement à ce mouvement, s'y habitue et finit par le faire d'une façon instinctive et avec son maximum de rendement effectif et son minimum de fatigue.

Dans ces conditions, tout changement dans la longueur des manivelles ne peut qu'être pernicieux en modifiant les habitudes du vélocipédiste et en augmentant par cela même son effort.

Les manivelles peuvent être fixes ou détachables.

Ce dernier système est excellent en cas d'avarie à la manivelle, qui s'enlève facilement et se replace de même une fois réparée.

Il a le petit inconvénient d'apporter une complication de plus à la machine; car le vélocipédiste devra veiller à ce que la clavette de la manivelle soit toujours bien fixée, sans quoi elle pourrait céder et occasionner une chute grave, surtout en bicycle.

LES PÉDALES

Les pédales sont un des éléments essentiels d'une machine et pourtant on n'y prête souvent pas assez d'attention.

En effet, par motif d'économie, on est amené à faire

des pédales à très bon marché, mais dont la matière est forcément défectueuse, ce qui compromet leur solidité.

D'autre part, pour enlever du poids, on a diminué quelquefois d'une façon excessive les plaques et l'axe. Aussi a-t-on vu des coureurs mis hors de lutte par suite d'un axe de pédale se faussant sous un effort violent. De même, sur route, un vélocipédiste éprouve souvent la même avarie à cause d'une chute de sa machine, ce qui arrive avec les bicyclettes que leurs propriétaires ont l'habitude d'appuyer contre un arbre ou un trottoir, et qui tombent, faute d'avoir été assujetties suffisamment.

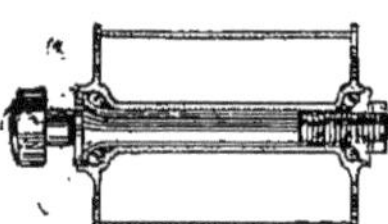
Pédale à billes.

On ne saurait donc trop se préoccuper d'avoir des pédales solides et de bonne qualité. L'augmentation légère de poids et de prix sera largement compensée par une sécurité correspondante et par l'absence d'avaries.

Pédale à scie mécanique.

Les pédales sont de deux sortes :

Les pédales à frottements ordinaires et les pédales à billes.

Pédale en caoutchouc.

Sans entrer ici en des détails oiseux, disons que les billes, empruntées par la vélocipédie à la mécanique industrielle, sont des boules d'acier trempé enfermées dans l'organe sujet au frottement. Elles ont pour effet de substituer, à la friction dite de glissement, la friction de roulement qui est infiniment plus douce.

Caoutchouc de pédale.

Les pédales à billes sont de beaucoup les plus chères, mais elles sont bien préférables, surtout comme sensibilité sous le pied; de plus, elles ne sont pas exposées à se gripper, ce qui en course surtout est de première importance; car, outre qu'un tel accident peut faire perdre la course, il peut en résulter pour le coureur une chute dangereuse.

Aussi a-t-on l'habitude de mettre des pédales à billes à toutes les machines de course et de luxe.

Axe de pédale simple.

Axe de pédale à billes.

A un autre point de vue, les pédales sont en caoutchouc ou à scies métalliques.

Les premières sont bonnes pour le touriste qui ne veut pas faire de vitesse et craint d'avarier ses chaus-

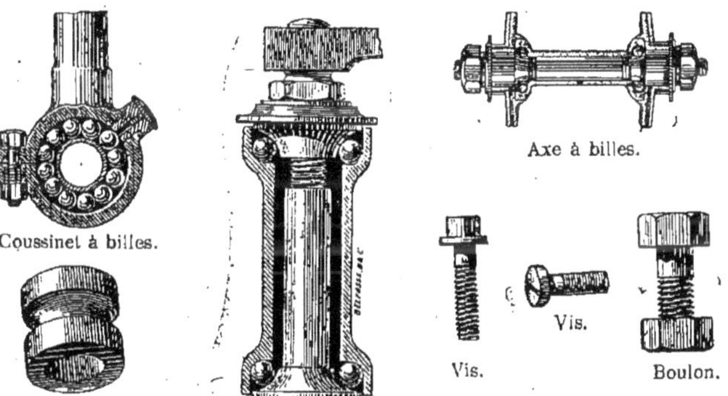

Coussinet à billes.

Axe à billes.

Vis.

Vis.

Boulon.

Bagues de coussinets.

Boite de pédale à billes.

sures; mais elles ont l'inconvénient d'être plus lourdes et plus disgracieuses, de ne pas bien tenir sous le pied, surtout quand elles sont mouillées, ce qui les rend très glissantes.

Les pédales à scies métalliques sont plus légères, plus élégantes; d'autre part, elles tiennent mieux au pied, grâce à leurs pointes; aussi exigent-elles l'emploi de chaussures spéciales, car elles détériorent fortement les semelles. Par contre, elles sont plus dures sous le pied, mais ce n'est qu'une question d'habitude. Elles sont employées dans toutes les machines de course, pour lesquelles un appui solide du pied est la première condition de sécurité.

On fait aussi des pédales à deux faces : caoutchouc d'un côté, scies métalliques de l'autre. Ces pédales mixtes ont été faites pour contenter tous les goûts; mais elles sont peu usitées, chaque vélocipédiste ayant choisi son modèle selon ses goûts personnels et s'y tenant avec constance.

LA SELLE

La selle est une des parties auxquelles le vélocipédiste devra prêter le plus d'attention; son état, sa nature et sa forme peuvent être pour lui une source d'avantages et de confort ou un motif de fatigue et même de souffrance.

On comprend aisément le grand rôle que joue la selle dans l'ensemble général de la machine. C'est elle qui supporte en plus grande partie le poids du corps, avec lequel elle est en contact direct. Il est donc absolument nécessaire pour le vélocipédiste d'avoir une selle qui ne le gêne en rien.

Cette question a été longtemps négligée et, dans les premières années de la vélocipédie, on s'est servi de selles dures, grossières, incommodes, mal suspendues et où l'idée de commodité n'avait aucun rôle.

D'autre part, on alla d'un excès à l'autre. Tantôt on trouvait des selles en fer, pas même rembourrées de cuir; tantôt on pouvait voir des sièges supportant des coussins épais et mous, donnant une sensation d'échauffement encore plus pénible que le système opposé.

Mais avec le perfectionnement des machines une révolution s'est faite parallèlement dans la confection des selles.

La recherche de la selle idéale pour chacun n'est pas chose facile; beaucoup de vélocipédistes n'ont jamais pu arriver à en trouver une leur convenant à tous les points de vue. Cela provient des différences nombreuses dans la façon de se tenir sur la machine, du degré de sensibilité de chacun et de la dose de malaise occasionnée par les trépidations.

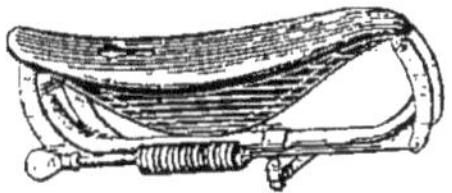

Selle américaine.

Cette diversité dans les goûts, les habitudes et les dispositions physiques naturelles a donné lieu à la variété infinie de selles qui sont en usage et qui ont néanmoins pour but commun la diminution des secousses et la protection du tronc contre les trépidations.

Les différences proviennent soit du fait même des vélocipédistes, soit des usages spéciaux pour lesquels on emploie le vélocipède.

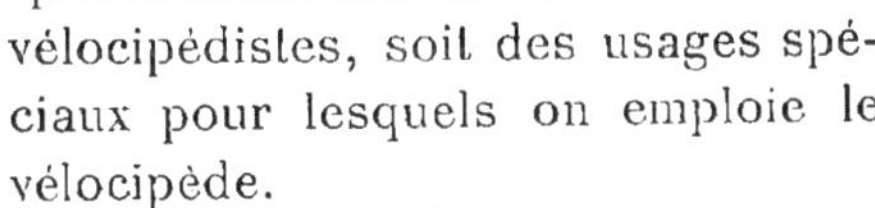

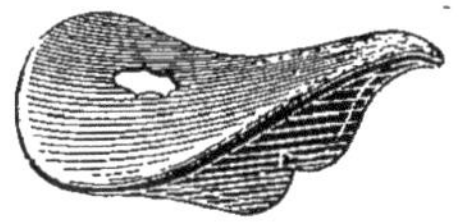

Selle à tension.

Dans les machines de course, il est d'habitude d'employer des selles sans ressort et placées directement sur le corps de la machine. Pour le bicycle, cette disposition permet de gagner de l'espace et de monter le plus grand diamètre possible. A toutes les machines, elle donne une rigidité plus complète, une plus grande égalité dans le coup de pédale et une plus grande force dans les moments d'enlevage. En effet, le ressort de la selle, faiblissant sous l'effort, fait varier d'une façon perpétuelle la distance entre la selle et les pédales et, servant de tampon entre les organes, annihile en partie l'action de la jambe. D'ailleurs les courses se donnent en général sur des pistes ou tout au moins sur des terrains exceptionnellement choisis et n'ont qu'une durée relativement courte, ce qui permet d'employer des selles fermes et non suspendues avec beaucoup plus d'avantages que d'inconvénients, la puissance de rendement devant passer avant la question de bien-être.

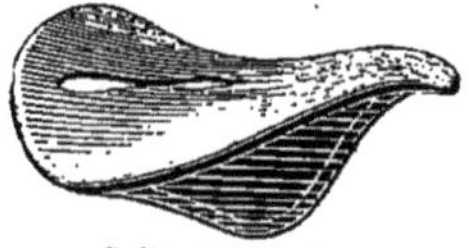
Selle suspendue.

Il en est autrement dans le cas du tourisme où la vitesse n'est qu'une condition secondaire et où l'on doit viser à avoir toutes ses aises : aussi est-il absolument nécessaire alors au vélocipédiste d'avoir une selle bien appropriée à ses habitudes et à sa nature.

Il devra veiller avant tout à choisir une selle qui ne le blesse pas, ne l'échauffe pas et lui convienne au point de vue du degré de suspension. Parfois il aura à expérimenter plusieurs selles jusqu'à ce qu'il en trouve une à sa convenance parfaite; dès lors il ne saurait la conserver avec trop de soin. Aussi voit-on souvent des vélocipédistes vendre leur machine pour en avoir une nouvelle, mais conserver leur selle. Si le vélocipédiste est obligé de changer plus tard sa selle pour cause d'usure ou d'avarie, il fera sagement d'en choisir une autre exactement semblable à la première; il peut en effet être très nuisible en pareille matière de changer de vieilles habitudes.

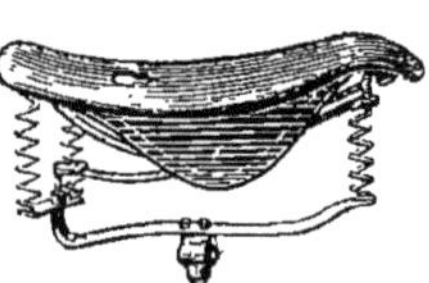
Selle à trois ressorts.

Le bec de la selle devra être plutôt étroit que large, afin d'éviter l'alternative ou de blesser les cuisses par le frottement, ou bien d'obliger le vélocipédiste à écarter les jambes d'une manière exagérée, ce qui est défectueux à tous égards.

Les *dimensions* et la *forme* de la selle sont des éléments dont il faut tenir compte et qui ont leur importance. Les uns préfèrent les selles larges et plates, d'autres les aiment mieux petites et creuses ; c'est une question de goût, d'habitude, ou de conformation naturelle. Il faut en tout cas que la selle s'adapte

bien au corps sans former de saillies ou d'enfoncements qui pourraient gêner ou même blesser à la longue.

La *position* de la selle sur son support est très importante à considérer, car elle influe grandement sur le bien-être général du vélocipédiste et sur sa marche. L'avant de la selle devra être un peu plus élevé que l'arrière. Dans cette position, le vélocipédiste sera mieux assis et aura une plus grande indépendance dans le mouvement des jambes et un grand soulagement dans les bras. La selle pourra, à la rigueur, être placée horizontalement; mais en aucun cas elle ne devra incliner vers l'avant, car le poids du corps se trouverait porté d'une façon excessive sur la fourche et sur les bras, ce qui leur occasionnerait une fatigue extrême tout en paralysant partiellement la souplesse et la force des jambes.

Un des avantages principaux des selles suspendues est de garantir considérablement la machine contre les chocs qui se perdent dans les réssorts au lieu d'être ressentis par la machine elle-même. C'est donc pour celle-ci un élément important de durée et d'économie.

Les conditions de suspension des selles ont été considérablement modifiées par l'invention des caoutchoucs creux et pneumatiques de tous les systèmes, qui déjà amortissent considérablement les trépidations. Aussi n'est-il plus nécessaire d'avoir des selles aussi bien suspendues qu'autrefois.

Les coureurs en exercice, ou ceux qui ont autrefois couru et se sont habitués aux selles dures, ont même pris l'habitude de monter sur route des machines munies de selles non suspendues, trouvant dans les nouveaux caoutchoucs une protection suffisante contre les secousses. Les hommes de poids léger pourront souvent aussi employer ce moyen, spécialement dans la bonne saison et dans les pays où les routes sont en bon état. Les hommes lourds devront au contraire avoir toujours une selle suspendue, tant dans leur intérêt personnel que dans celui de leur machine.

En résumé les selles trop dures blessent, les selles trop molles échauffent. Celles qui sont ou pas du tout ou pas assez suspendues affectent la solidité de la machine; celles qui le sont trop enlèvent de la force au vélocipédiste. C'est donc entre ces extrêmes qu'il faudra prendre une moyenne dont les éléments peuvent varier avec chacun et qui ne peut être déterminée exactement que par suite d'une longue expérience.

LA CHAÎNE

Avec le bicycle, le mouvement étant direct sur la roue motrice, il n'y avait pas à se préoccuper du mode de transmission de la force qui était automatique. Cet élément n'entra en ligne qu'avec l'invention des machines multipliées et à mouvement complexe. La première pensée qui s'offrit aux inventeurs fut l'application de la chaîne de Vaucanson, actionnée par un double pignon, l'un, à l'axe des manivelles recevant le mouvement par les pédales, l'autre, à l'axe de la roue ou des roues motrices et transmettant ce mouvement.

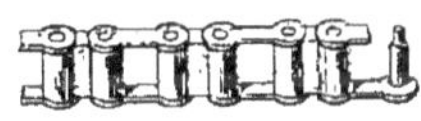

La chaîne.

La chaîne est un des éléments les plus importants dans la propulsion et dans la douceur de la machine ; aussi a-t-elle attiré particulièrement l'attention des constructeurs, dont certains se sont même spécialisés dans cette partie de l'industrie vélocipédique.

La chaîne au début était lourde, grossière et établie avec des matières de qualité médiocre; aussi elle se brisait souvent et s'allongeait démesurément; les pignons qui la recevaient, présentant des inconvénients correspondants, donnaient lieu à des avaries nombreuses qui causaient de graves ennuis aux vélocipédistes. Depuis, la chaîne a été convenablement allégée et a été établie avec des matières premières excellentes. Ainsi on a pu arriver à lui enlever une grande partie de son poids, tout en lui donnant plus de souplesse et de solidité. Les pignons suivirent la même voie de perfectionnement.

Les chaînes actuellement employées sont de deux sortes : la chaîne ordinaire et la chaîne à rouleaux.

La chaîne *ordinaire* a des maillons fixes qui s'adaptent assez exactement aux dents des pignons et à leurs intervalles. Elle a l'inconvénient d'user beaucoup les dents des pignons, car elle ne cède pas sous le frottement ; de plus elle crie lorsque la boue ou la poussière s'interposent entre ses maillons et les dents des pignons.

La chaîne à *rouleaux* a des maillons mobiles qui tournent sur eux-mêmes autour d'un petit axe. Elle a l'avantage d'user beaucoup moins les dents des pignons, parce que sous l'effet du frottement les rouleaux des maillons cèdent et tournent sur eux-mêmes. De plus, cette chaîne est très silencieuse, parce que la boue et la poussière ont très peu de prise sur elle ; aussi, après avoir été quelque temps délaissée à cause de son poids, est-elle redevenue fort en faveur depuis qu'on l'a beaucoup allégée ainsi que les pignons qui la reçoivent.

AUTRES MODES DE TRANSMISSION

La chaîne est une des principales causes d'ennui pour les vélocipédistes, ainsi qu'une des causes les plus fréquentes d'avarie pour les machines. En effet, elle a toujours l'inconvénient de s'encrasser, de s'allonger ou de se tendre selon la température ou sous l'action de la pluie et de la boue, voire même quelquefois de se briser : aussi a-t-on essayé bien des fois de la supprimer et de la remplacer par d'autres modes de transmission.

Ainsi on lui a substitué un *ruban* d'acier portant des saillies qui s'enclavaient dans des trous correspondant aux dents des pignons. C'était la théorie de la chaîne à rebours. Ce système ne prévalut point parce que le ruban, n'ayant pas la souplesse de la chaîne, se brisait sous l'effort produit lorsque les saillies du ruban ne s'adaptaient plus bien aux trous du pignon par suite de la boue ou d'un autre obstacle.

On alla plus loin dans cet ordre d'idées et l'on chercha à remplacer la chaîne par des systèmes n'en ayant même pas l'apparence.

Les principaux furent les bielles de transmission et les engrenages multiplicateurs.

Les *bielles* adaptées aux machines n'ont pas eu de succès parce que, par leur rigidité même, les bielles ne se prêtaient pas à tout ce qui pouvait influer sur la tension ou la distension de la machine; aussi se rompaient-elles ou prenaient-elles du jeu à leur point d'attache.

Les *engrenages* avaient surtout l'inconvénient de s'encrasser beaucoup et de se rouiller, lorsqu'ils étaient à découvert et non protégés contre la pluie et la boue ; de plus, même quand ils étaient couverts, ils prenaient du jeu au point d'arriver à ne plus pouvoir fonctionner; aussi n'ont-ils pas eu jusqu'ici grand succès auprès du public.

Il est certain que la chaîne présente beaucoup d'inconvénients, surtout par le mauvais temps, et qu'elle est bien inférieure comme mode de transmission au système direct du bicycle ; aussi n'est-il pas étonnant de voir les constructeurs de vélocipèdes s'ingénier à chercher à la supprimer et à la remplacer par quelque chose d'aussi simple et de plus pratique.

Celui qui fera cette découverte rendra un service

immense aux vélocipédistes et fera accomplir à la construction vélocipédique un de ses progrès les plus vivement désirés.

LE FREIN

Une partie très importante dans les vélocipèdes est le frein.

Par sa légèreté même, le vélocipède est très facile à mettre en mouvement; mais il est quelquefois plus difficile de le retenir, et surtout de l'arrêter complètement quand il est lancé.

Pourtant cela est absolument nécessaire dans bien des cas, particulièrement en cas de descente rapide et surtout d'obstacle se dressant d'une façon imprévue et menaçant le vélocipédiste, tel, par exemple, qu'un chien qui se jette furieusement sur lui, un trou ou une pierre qu'il n'a pas vus à temps, une voiture débouchant rapidement d'un angle de rue ou de route, un piéton traversant la chaussée brusquement, etc.

Dans tous ces cas, le vélocipédiste se trouverait exposé à un accident certain, s'il n'avait un moyen d'arrêter sa machine d'une façon presque soudaine.

Assurément un vélocipédiste habile peut, en faisant un mouvement de résistance en arrière des pieds sur les pédales, ralentir notablement sa machine; mais ce moyen est tout à fait insuffisant, surtout s'il est un peu lancé, et dans ce cas il lui faut un certain temps pour s'arrêter.

C'est alors que le frein devient absolument nécessaire.

Les freins sont de deux sortes :

A sabot et *à bande.*

Le frein *à sabot* se place sur la circonférence même de la roue : il agit directement sur le caoutchouc à l'aide d'une sorte de cuiller qui se lève ou s'abaisse, actionnée par une tige articulée qui rejoint la poignée à la portée de la main.

Le frein *à bande* est fixé sur le moyeu même de la roue, à l'aide d'une bande en cuir qui agit sur un tambour fixé au moyeu et qui reçoit son mouvement d'une tige allant rejoindre la poignée.

Sur les anciennes machines, les freins étaient placés de la façon la plus fantaisiste, à cause de la forme même de ces machines qui ne se prêtait pas bien à leur installation.

Dans les machines modernes cette question a été étudiée et les freins ont été beaucoup perfectionnés.

Dans le *bicycle* le frein est forcément à sabot; il est placé sur la grande roue et actionné par une tige parallèle au guidon. Quelquefois, par surcroît de précaution, les bicyclistes font adapter un second frein à sabot sur la petite roue à l'aide d'une cordelette passant à travers le corps creux de la machine. C'est une addition utile dans les pays très accidentés.

L'emploi du frein en bicycle demande beaucoup de prudence et de pratique, car son emploi mal entendu peut amener des accidents graves. En effet, si l'on agit brusquement sur cet organe, la grande roue s'arrête presque net, la petite roue se lève alors, et le bicycliste pique une tête par-dessus son guidon. Il ne faut donc se servir du frein que graduellement et avec beaucoup de précaution, surtout dans les descentes.

Dans le *tricycle* les freins sont tantôt à sabot, tantôt à bande. Dans la forme dite Imbattable, le frein est nécessairement à bande et fixé sur l'axe des roues motrices. Son emploi exige les mêmes précautions qu'en bicycle, pour la même raison de chute possible en avant.

Dans la forme dite Cripper, le frein est tantôt à sabot sur la roue directrice, tantôt à bande sur l'axe des roues motrices. Dans ce tricycle, l'emploi intempestif du frein n'a pas le même inconvénient que dans le bicycle ou le tricycle Imbattable, parce qu'il n'entraînerait pas de chute en avant; mais il pourrait amener l'arrachement du caoutchouc ou la rupture de la bande du frein. Il est donc plus prudent, à moins de cas urgents où la question de sécurité prime toutes les autres et exige un arrêt immédiat, de ne pas se servir de son frein d'une façon trop brusque, afin d'éviter une avarie possible.

Dans la *bicyclette* les freins sont ordinairement à sabot sur la roue directrice. Quelquefois ils sont également à sabot, mais sur la roue motrice, à l'aide d'une tige venant rejoindre le guidon. Enfin, on en a fait à bande sur le moyeu de la roue directrice. Cette dernière sorte est particulièrement efficace pour les machines à caoutchoucs creux ou pneumatiques, sur lesquels le frein à sabot a moins d'action à cause de leur élasticité, et où il a très peu de prise quand ils sont mouillés. Malheureusement le frein à bande dépare un peu le devant de la bicyclette en l'alourdissant par l'adjonction du tambour et de la tige.

Aux courses, l'usage s'est introduit de se passer de frein, spécialement sur les pistes continues et sans virages; mais un petit frein sera très utile en cas de virages sur place et épargnera au cycliste la majeure partie de la fatigue occasionnée par l'effort fait pour retenir la machine à chaque virage.

En résumé, le frein peut avoir son utilité en course; il est absolument nécessaire sur route et en ville où il donne au vélocipédiste une très grande sécurité par suite de la certitude de pouvoir s'arrêter presque instantanément et à volonté devant un obstacle subit, ce qui évitera souvent un accident fatalement réservé à celui qui n'aurait pas de frein.

CHAPITRE VII

LA MULTIPLICATION

On appelle *multiplication* le rapport qui existe entre la hauteur réelle de la roue motrice d'une machine et son développement à terre à la suite d'une révolution complète des pédales.

Une chose qui frappe d'étonnement le public non initié à la construction des machines est de voir un vélocipédiste, monté sur une minuscule bicyclette, marcher côte à côte avec un grand bicycle sans perdre de terrain sur celui-ci, et cela alors que les jambes du bicyclettiste font des mouvements moins rapides que celles du bicycliste.

Un grand nombre de gens croient encore que la vitesse est en proportion directe de la hauteur de la roue. Il n'y a pas de vélocipédiste qui n'ait entendu nombre de réflexions impliquant cette erreur.

Le public, en général, n'en croit que ses yeux : il voit une grande roue et une petite : il en conclut naturellement que la première doit marcher plus vite que la seconde.

Cela vient de ce qu'il ne peut saisir du premier coup les lois de propulsion propres aux différents types de machines.

Sous ce rapport, il y a deux genres de machines :

Celles à *mouvement simple*, dans lesquelles le nombre des tours de la roue motrice correspond exactement au nombre des tours de pédales, comme dans le bicycle proprement dit ;

Celles à *mouvement complexe*, où, par suite de l'interposition de bielles, d'engrenages ou de chaînes, le nombre des tours de pédales et des tours de roues est différent dans une proportion plus ou moins grande, qui s'appelle la *multiplication*, comme cela a lieu dans le tricycle, la bicyclette et quelques autres machines spéciales construites à cet effet.

Nombre de vélocipédistes ne connaissent pas la multiplication de la machine qu'ils montent, soit qu'ils aient négligé de s'en informer près de celui qui la leur a vendue, soit qu'ils aient reçu à cet égard un renseignement erroné.

C'est une ignorance fâcheuse, car bien des vélocipédistes accusent une machine d'être dure à pousser tandis qu'elle est seulement trop « multipliée ».

Avec une multiplication inférieure, la même machine leur paraîtrait très douce.

Tout vélocipédiste doit donc connaître et se rappeler le moyen pratique de mesurer lui-même la multiplication donnée par sa machine. Ce procédé est d'une extrême simplicité. Le voici.

Pour constater la multiplication d'une machine, il faut faire la triple opération suivante :

1° Mesurer le diamètre de la roue motrice;

2° Diviser ce chiffre par le nombre des dents du pignon de l'axe de la roue motrice;

3° Multiplier le chiffre obtenu par le nombre des dents du pignon de l'axe des manivelles.

Ainsi, supposons une bicyclette ayant une roue motrice de 70 centimètres, avec 10 dents au pignon de la roue et 21 au pignon des manivelles :

On divisera 70 centimètres par 10, ce qui donnera 7 centimètres; on multipliera 7 centimètres par 21, ce qui donnera 147 centimètres.

Cette machine sera donc multipliée à $1^{m},47$.

Note essentielle : Pour calculer la multiplication, il faut s'en référer non pas au diamètre de la jante, mais bien au diamètre du caoutchouc qui constitue en réalité la roue complète.

Si l'on veut avoir un résultat absolument exact, il faudra, dans le calcul, tenir compte de l'écrasement du caoutchouc, car c'est de la circonférence utilisée et non de la circonférence théorique que dépend réellement la véritable multiplication.

Cette méthode est indispensable à connaître; car elle doit influer sur le choix de la multiplication selon le genre de machine qu'on emploie, l'usage auquel on la destine et les terrains où l'on doit s'en servir.

Ainsi une bicyclette pourra être un peu plus multipliée qu'un tricycle; une machine à deux places pourra être également un peu plus multipliée qu'une machine similaire à une place, parce que, dans les deux premiers cas, il y aura moins de poids et de tirage, à dépense égale de force, que dans les deux seconds. Les machines de course seront également plus multipliées que les machines de route.

De même, dans un pays accidenté, il faudra employer des machines moins multipliées que dans les pays plats. En effet, la force à employer augmente en proportion de la déclivité du sol et en proportion de la multiplication. Il faut donc éviter d'ajouter ensemble ces deux difficultés, dont l'une suffit aux forces moyennes d'un homme.

D'autre part, il faudra tenir compte, dans la multiplication, de la force et de l'âge du vélocipédiste. Ainsi, une machine destinée à un enfant ou à une femme devra être moins multipliée que celle qui sera montée par un homme dans la force de l'âge.

Enfin, il y a la question de poids, une machine plus légère pouvant être davantage multipliée qu'une plus lourde, sans occasionner plus de fatigue.

Une erreur assez communément répandue est que la vitesse augmente en proportion de la multiplication.

Ceci serait vrai si l'on pouvait maintenir en même temps la même vitesse de mouvements, mais c'est l'inverse qui se produit. En effet, la multiplication progressive, entraînant la même progression dans la force à déployer, amène une diminution proportionnelle dans la vitesse des jambes. On perd donc d'un côté ce que l'on gagne de l'autre. Il y a là une étude compliquée et que chacun doit faire sur soi-même pour arriver à découvrir quelle est la multiplication qui lui convient. L'homme fort, mais lent, préférera une forte multiplication, qui lui fera parcourir beaucoup de chemin avec peu de mouvements; l'homme vite, mais relativement faible, prendra une multiplication plus petite et rattrapera par la rapidité ce qu'il perdra à chaque tour de pédales.

Il n'y a donc pas de règle absolue en matière de multiplication, et la solution de cette question doit être basée sur les habitudes, les goûts et le tempérament de chacun.

LES CAOUTCHOUCS

Les caoutchoucs qui encerclent extérieurement la jante des roues ont toujours été l'objet des préoccupations des fabricants, comme ils ont été de tout temps un des éléments premiers de la bonne conservation des machines et de leur durée plus ou moins grande.

Aussi les vélocipédistes ont-ils toujours, et avec juste raison, attaché une grande importance à cette question.

Il y a trois points à examiner dans les caoutchoucs : leur qualité, leur dureté et leur grosseur.

La plupart du temps, c'est pour ne pas avoir tenu compte de ces éléments, aussi importants l'un que l'autre et qui se corroborent, que nombre de vélocipédistes, tant sur piste que sur route, ont éprouvé des mécomptes ou des avaries qu'ils eussent pu facilement éviter.

Au point de vue de la *qualité*, il ne saurait y avoir de discussion.

Dans tous les cas, et quels que soient le genre, le poids de la machine ou l'usage auquel on la destine, il vaut mieux avoir des caoutchoucs de première qualité que de qualité inférieure.

La petite différence de prix qui peut en résulter est

largement compensée par les avantages divers qu'on en retire, tant au point de vue de la durée des caoutchoucs que de leur élasticité et du meilleur roulement qu'ils procurent.

Il ne faut pas confondre la qualité du caoutchouc avec sa dureté, ce dernier élément dépendant de la façon dont il est fabriqué.

Il y a des caoutchoucs de qualité égale et de dureté différente.

La *dureté* des caoutchoucs doit différer selon le poids du vélocipédiste.

En effet, le caoutchouc trop tendre cède plus facilement, il souffre plus que les autres. Un fort poids placé au-dessus amène un écrasement excessif qui a pour résultat une adhérence au sol beaucoup plus grande et, par conséquent, une usure proportionnelle.

De plus, le caoutchouc débordant sur la jante est exposé à être coupé par celle-ci sur les côtés, et bientôt le caoutchouc s'effrite, tombe en miettes et exige son prompt remplacement, sans quoi la jante elle-même ne tarderait pas à toucher le sol.

Les vélocipédistes de poids léger devront donc seuls prendre des caoutchoucs tendres, qu'ils aplatiront peu et qui leur donneront une sensation de douceur plus grande; les vélocipédistes de fort poids devront, au contraire, choisir des caoutchoucs plus durs : ils rattraperont en durée ce qu'ils perdront en élasticité.

Au point de vue de la *grosseur* des caoutchoucs, la même observation peut être faite et pour les mêmes causes :

La grosseur des caoutchoucs devra être en proportion du poids du vélocipédiste.

Les caoutchoucs se divisent actuellement en trois catégories distinctes :

Les caoutchoucs pleins;

Les caoutchoucs creux;

Les caoutchoucs pneumatiques.

Il y a lieu de les étudier séparément.

LES CAOUTCHOUCS PLEINS

Les caoutchoucs pleins sont ceux qui ont les premiers fait leur apparition dans l'industrie vélocipédique. Ils se composent d'un cercle en caoutchouc de grosseur variable et qui se colle dans ou sur la jante, selon les différents systèmes d'attachement employés.

Pendant de longues années, on ne s'est servi que de ce genre de caoutchoucs qui n'avait de variété que dans sa qualité, sa dureté ou sa grosseur.

Actuellement, son avantage principal réside dans son bon marché, relativement aux autres modèles plus nouveaux.

Les inconvénients proviennent de ce qu'il amortit moins les trépidations, de ce qu'il s'use plus vite, de ce qu'il se décolle plus facilement de la jante.

Ce dernier cas est d'autant plus fréquent que le caoutchouc est de plus petit diamètre; car alors il entre moins profondément dans la jante et par conséquent en sort plus facilement, surtout dans les virages, ce qui est un grand inconvénient, spécialement en matière de courses où beaucoup de coureurs se sont vu enlever la victoire par suite du décollage de leurs caoutchoucs.

Pour y obvier, on a essayé de bien des moyens, mais sans en trouver d'absolument efficaces. On a même établi des caoutchoucs contenant à l'intérieur une tige métallique. Le décollage était ainsi évité; mais la tige finissait par se rouiller ou par couper le caoutchouc par suite de la pression, ce qui l'a fait abandonner.

Le meilleur moyen est encore d'examiner souvent ses caoutchoucs et de veiller à ce qu'ils soient solidement collés sur toute leur longueur.

Les caoutchoucs pleins doivent être de grosseur variable selon le poids des vélocipédistes.

En général, pour les hommes de 60 à 70 kilogrammes, on emploie des caoutchoucs de 16 millimètres, tandis qu'un cycliste de 80 kilogrammes devra en prendre de 19 millimètres et qu'au-dessus il faudra employer des caoutchoucs de 22 millimètres.

Ce sont les chiffres moyens.

Les caoutchoucs pleins ont encore de nombreux partisans, spécialement à cause de la différence de prix. Certains affirment même qu'avec des caoutchoucs pleins, de première qualité, très souples et de fort diamètre, on arriverait aux mêmes résultats qu'avec les caoutchoucs creux en usage depuis peu.

Il semble que l'affirmation soit un peu exagérée; car certaines maisons de construction, ayant toujours, par principe, employé des caoutchoucs de fort diamètre, sont entrées cependant dans le mouvement général en les remplaçant de préférence par des caoutchoucs creux, ce qui semble un bon argument en faveur de ceux-ci.

En résumé, les caoutchoucs pleins continueront à être employés dans les machines à bon marché et par ceux que ferait reculer la question de prix des caoutchoucs d'invention récente.

LES CAOUTCHOUCS CREUX

L'introduction de l'air dans les caoutchoucs comme moyen d'amortir les trépidations n'est pas, paraît-il, une idée absolument nouvelle; mais son application dans la pratique générale n'en est pas moins très récente, car ce n'est qu'à partir de 1890 que les caoutchoucs creux ont sérieusement appelé l'attention, sont devenus d'un usage courant et ont détrôné les caoutchoucs pleins devant la majorité du public vélocipédique.

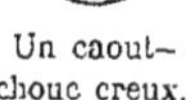
Un caoutchouc creux.

Les caoutchoucs creux sont formés d'un cercle possédant à l'intérieur une ou plusieurs cavités de formes et de diamètres variés, contenant de l'air à l'état libre.

Leur mode d'attache sur la jante est le même que pour les caoutchoucs pleins. Comme ces derniers, ils sont simplement collés dans la jante.

Au point de vue de la qualité, on peut leur appliquer les mêmes règles qu'aux caoutchoucs pleins et même avec plus de rigueur.

Les caoutchoucs creux étant, en effet, d'un prix bien plus élevé, il ne faut pas s'arrêter à une question d'économie minime et il est de toute nécessité de n'employer que des caoutchoucs de première qualité, si l'on veut en retirer tous les avantages qu'ils comportent. L'élasticité est alors la première des conditions à rechercher, et il n'y a que dans les caoutchoucs de qualité supérieure qu'on peut la rencontrer d'une manière suffisante.

Au point de vue du diamètre, les caoutchoucs creux peuvent être gradués selon le poids des vélocipédistes : 26, 28, 30, 32 millimètres sont les grosseurs ordinairement employées, correspondant aux grosseurs des caoutchoucs pleins de 16, 18, 20 et 22 millimètres, pour des hommes dont le poids varie entre 60 et 100 kilogrammes.

On peut, pour une bicyclette, se servir d'un caoutchouc plus gros à la roue d'arrière et plus petit à la roue d'avant, celle-ci travaillant moins que la première.

Un autre élément important entre en ligne à propos des caoutchoucs creux, c'est le plus ou moins grand diamètre de la partie vide à l'intérieur des caoutchoucs.

On conçoit aisément que l'évasement du caoutchouc

est en proportion directe du vide extérieur; donc, étant donnés deux caoutchoucs semblables, un vélocipédiste lourd écrasera davantage son caoutchouc que ne le fera un homme léger. Il pourra même arriver que, si le caoutchouc est trop tendre ou trop creux, un vélocipédiste lourd l'écrasera au point de faire adhérer les parois du caoutchouc et de supprimer le vide intérieur, ce qui entraînera les inconvénients du caoutchouc plein sans en donner les avantages.

Là encore, ce sera le poids du vélocipédiste qui devra déterminer la nature du caoutchouc à choisir.

Un cycliste léger pourra prendre des caoutchoucs creux de faible diamètre avec petit vide, ou d'un diamètre plus fort, mais à grand vide intérieur. Il allégera ainsi sa machine sans inconvénient pour lui.

Un cycliste lourd devra adopter des caoutchoucs creux à gros diamètre et assez durs s'il veut un grand vide intérieur, ou avec un vide de petite section s'il veut des caoutchoucs plus tendres. Il compensera l'excédent de poids par un meilleur roulement.

Quelques vélocipédistes, surtout parmi les poids lourds, ont contesté l'efficacité des caoutchoucs creux, affirmant ne pas les trouver supérieurs aux caoutchoucs pleins. Cela provient de ce qu'ils n'ont pas tenu compte des observations ci-dessus et ont pris des caoutchoucs qui ne leur convenaient pas.

Il est très rare, en effet, que des hommes de poids léger aient formulé les mêmes observations, les mêmes inconvénients ne se produisant pas pour eux au même degré.

Il est certain, en effet, après de nombreuses expériences faites, que, surtout sur route et sur les mauvaises pistes, de même que dans les virages effectués à grande vitesse, le caoutchouc creux possède une supériorité marquée sur le plein.

Cela se comprend aisément du reste, si l'on réfléchit que, par suite de son élasticité, le caoutchouc creux cède sur une foule de petits obstacles où le caoutchouc plein résiste; donc, le ralentissement forcé, résultant de la succession de tous ces petits chocs, se fait beaucoup plus sentir avec le premier qu'avec le second qui supprime une bonne partie de la trépidation et, en même temps, de la fatigue qui en est la conséquence directe.

Dans les virages, surtout non relevés, le caoutchouc creux présentant plus d'adhérence permet de pousser avec plus de sécurité et de force utile.

Il n'y a que sur un terrain parfait et en ligne sensiblement droite que la supériorité du caoutchouc creux sur le plein n'est pas entièrement établie.

Il doit probablement en être de même sur les pistes à sol excellent et à virages bien relevés, si l'on en juge par ce fait qu'on ne s'en est pas servi sur les pistes anglaises qui présentent ces conditions favorables.

Là, en effet, le caoutchouc creux perd sa raison d'être principale, vu l'absence de toute trépidation sensible, et de plus il a le grave inconvénient d'alourdir beaucoup la machine, ce qui est très désavantageux pour le démarrage et l'enlevage final.

Ces observations sont, du reste, particulières et exceptionnelles et n'enlèvent rien aux qualités spéciales inhérentes aux caoutchoucs creux et qui les rendent supérieurs aux caoutchoucs pleins, dans la plupart des cas.

En résumé, un vélocipédiste qui voudra avoir des caoutchoucs creux et en retirer tous les avantages devra choisir avec discernement ceux qui conviendront le mieux à ses goûts et qui s'harmoniseront le mieux avec son poids.

Outre l'augmentation sensible de vitesse moyenne, les caoutchoucs creux ont encore l'avantage de s'user beaucoup moins que les pleins, à cause du peu de résistance qu'ils offrent aux obstacles; de plus, ils protègent énormément la machine elle-même qui, souffrant beaucoup moins des secousses, se trouve ainsi garantie de la majeure partie des avaries provenant de la fatigue normale qu'elle éprouve sur les obstacles inhérents à toutes les routes.

Enfin, par suite de la diminution de la trépidation, les caoutchoucs creux donnent au vélocipédiste une sensation de bien-être qui, outre qu'elle est très agréable, diminue sensiblement la fatigue. Il arrive très souvent que le vélocipédiste souffre au bout de l'étape, non pas tant du nombre de kilomètres franchis que des secousses constantes résultant du mauvais état du sol.

Par contre, les caoutchoucs creux sont bien plus lourds que les pleins; c'est une augmentation de poids moyen de 3 kilogrammes pour une bicyclette et de 4 kilogrammes pour un tricycle.

Il est vrai que les caoutchoucs creux permettent d'établir le corps de la machine beaucoup plus léger sans diminuer sa solidité. On peut donc rattraper de ce côté en légèreté ce qu'on perd de l'autre.

Enfin les caoutchoucs creux sont beaucoup plus chers. Mais cet écart est compensé à la longue par l'économie d'usure de la machine.

Un autre inconvénient des caoutchoucs creux est qu'ils ne semblent pas bien monter les côtes; cela tient ou bien à l'augmentation de poids qu'ils entraînent, ou bien à leur adhérence très grande et à leur écrasement sur le sol où ils forment au-devant de la roue un bourrelet qui nuit à la propulsion.

Somme toute, il semble que, malgré quelques petits défauts qui leur sont inhérents, les caoutchoucs creux possèdent sur les pleins des avantages qui leur assureront la suprématie. Il est donc probable que les premiers seront désormais employés de préférence aux seconds dans les machines de luxe et toutes les fois que la question de prix ne sera pas en jeu.

LES CAOUTCHOUCS PNEUMATIQUES

L'idée de l'introduction de l'air dans les caoutchoucs des vélocipèdes ne devait pas s'arrêter à l'établissement des caoutchoucs creux; elle fit un autre pas en avant qui a marqué un progrès sensible dans cette intéressante question.

On en arriva non plus à emprisonner simplement dans le caoutchouc de l'air à l'état libre, mais à y introduire de l'air comprimé : de là l'invention des caoutchoucs pneumatiques, qui a amené en 1890 une révolution complète dans la locomotion vélocipédique.

Caoutchoucs pneumatiques (coupe).

On comprend à première vue quelle différence énorme existe entre les deux principes et combien doivent être dissemblables les conséquences qui en résultent.

Dans les caoutchoucs pneumatiques, l'air est forcé et comprimé au moyen d'une petite pompe portative introduite dans une valve qui se referme ensuite automatiquement, empêchant l'air de s'échapper de l'intérieur.

Dans ces conditions, le caoutchouc, maintenu ferme par le gonflement, ne pouvant plus s'affaisser, il a été

possible de le réduire beaucoup en épaisseur, et par conséquent en poids.

Par contre, les caoutchoucs dits pneumatiques ont reçu un diamètre bien supérieur à celui des caoutchoucs simplement creux.

Les caoutchoucs pneumatiques ont encore donné aux machines qui en étaient munies une augmentation sensible de vitesse relativement aux caoutchoucs creux et, à plus forte raison, aux pleins.

Aussi le règlement des courses sur route en Angleterre, élaboré en connaissance de cause et après de nombreuses expériences, a-t-il établi au bénéfice des caoutchoucs pleins, dans les courses de douze et de vingt-quatre heures une échelle de rendements dont voici les bases :

Pneumatiques.

12 heures. . . .	11 milles	17 kilom.	700
24 —	20 —	32 —	180

Creux.

12 heures. . . .	6 milles	9 kilom.	654
24 —	11 —	17 —	700

Ainsi qu'on le voit, le pneumatique rend au creux sensiblement la même distance que le creux rend au plein.

Le caoutchouc pneumatique a démontré sa supériorité non seulement sur route, mais sur piste, et grâce à ce perfectionnement tous les records ont été battus de beaucoup sur toutes les distances pendant l'année 1890. Aussi, depuis ce temps, les coureurs n'emploient-ils plus que ce genre de caoutchoucs, sans lesquels ils seraient vis-à-vis de leurs rivaux dans un état de sensible infériorité.

Section de pneumatique avec jante pleine en acier.

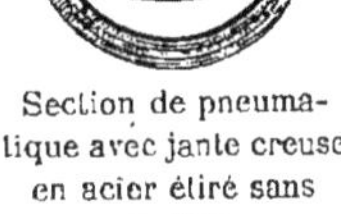

Section de pneumatique avec jante creuse en acier étiré sans soudure.

Les caoutchoucs pneumatiques donnent une sensation toute spéciale qui leur est absolument particulière. L'air comprimé à l'intérieur, faisant ressort, les rend extrêmement sensibles. Chaque secousse amenant un affaissement du caoutchouc est immédiatement compensée par un effort de l'air pour reprendre son volume initial. Quand on monte un caoutchouc pneumatique sur un terrain raboteux, il semble qu'on soit assis sur quelque chose de vivant, tandis que les caoutchoucs pleins et creux semblent au contraire inertes.

Une condition essentielle pour faire rendre un bon usage aux caoutchoucs pneumatiques est de les tenir bien gonflés, surtout pour marcher sur un sol très uni, auquel cas il semble qu'on soit suspendu en l'air et qu'on voltige au-dessus du sol. Par les terrains très raboteux, on pourra les laisser légèrement dégonflés; de cette façon le caoutchouc s'affaissera un peu et amortira mieux les secousses. Il sera prudent de ne pas les gonfler fortement, si l'on doit les exposer au soleil ou à la grande chaleur; la dilatation naturelle de l'air intérieur se chargera alors de les amener au degré de gonflement voulu. Enfin, il faudra prendre grand soin de ne pas laisser d'huile ou autre corps gras en contact avec le caoutchouc que ces matières décomposent, ce qui compromettrait sa solidité et menacerait de le détruire.

Ce ne sont là que des indications principales : ceux qui achèteront un pneumatique recevront du fabricant des explications détaillées soit pour l'entretien, soit pour la réparation de la machine.

Les *avantages* principaux des caoutchoucs pneumatiques sont donc :

Une augmentation sensible de vitesse;

Une diminution notable de fatigue, surtout sur les pavés et les mauvais terrains où l'on peut marcher en vitesse sans inconvénients;

Une sensation de roulement beaucoup plus agréable;

Une protection très efficace pour le corps de la machine qui se trouve ainsi très bien garanti contre les secousses et contre les avaries qui en résultent;

Une diminution de poids dans la machine dont on peut établir impunément le corps plus léger, puisqu'il a moins à souffrir qu'avec les autres caoutchoucs.

Les *inconvénients* principaux des caoutchoucs pneumatiques sont :

Une augmentation sensible de prix;

Une assez grande fragilité relative qui les met à la merci d'un clou, d'une épine ou de tout autre objet pointu qui, en traversant les caoutchoucs, peut les percer et amener leur dégonflement, d'où la nécessité pour le vélocipédiste de mettre pied à terre, sous peine d'avarie plus grave, et de faire une réparation parfois longue et ennuyeuse;

Un manque de stabilité sur le pavé gras, l'asphalte mouillé ou la terre détrempée. Toutes les fois que le sol est sec, le pneumatique donne une sécurité absolue; mais, dès que le terrain est glissant, il dérape très facilement en raison même de l'élasticité qui résulte de son gonflement. Le vélocipédiste devra donc en ce cas prendre les plus grandes précautions, marcher au milieu de la chaussée à l'endroit où elle est plate, éviter d'aller sur les côtés en déclivité et faire les virages lentement, sans incliner la machine de côté, afin d'éviter que la roue de derrière ne se dérobe brusquement et n'entraîne une chute soudaine qui peut être dangereuse.

En résumé, malgré ces inconvénients dont les perfectionnements à venir auront probablement raison, les caoutchoucs pneumatiques, déjà les rois de la piste, auront certainement un grand succès près de ceux que le prix n'effraye pas, qui aiment par-dessus tout leur agrément et qui ont le désir d'augmenter leur vitesse sans augmenter leur effort. Grâce à ces caoutchoucs, un vélocipédiste de force moyenne pourra facilement suivre des partenaires plus forts : cela suffira pour justifier la faveur dont ils jouiront certainement près d'un grand nombre de cyclistes, qui trouveront ainsi dans les caoutchoucs pneumatiques un « handicapage » naturel.

LES ANTIVIBRATEURS

Un inconvénient commun à tous les vélocipèdes est la trépidation occasionnée par les inégalités du sol et les obstacles de nature diverse qui s'y rencontrent.

Cette trépidation rend à la longue la marche très pénible et donne une augmentation notable de fatigue, en diminuant la vitesse dans une proportion inversement proportionnelle.

Il n'est donc pas étonnant que ce problème de la suppression ou tout au moins de la diminution de la trépidation ait exercé l'imagination des inventeurs.

Ce résultat a été cherché de cinq manières différentes :

Dans le guidon;

Dans le corps de la machine;

Dans les roues;

Dans la selle;

Dans les caoutchoucs.

Les antivibrateurs par le guidon et le corps de la machine ont donné lieu à une foule d'applications dont la description serait ici hors de saison.

Dans le premier cas, la machine entière restait rigide et les secousses du sol avaient pour résultat de faire céder des ressorts fixés au guidon, diminuant ainsi la trépidation communiquée aux bras.

Dans le second cas, le guidon restait fixe et c'était le corps même de la machine qui était suspendu à l'avant ou à l'arrière, et quelquefois des deux côtés, sur des ressorts de variétés diverses, de telle sorte que les secousses subies par les roues se noyaient en partie dans les ressorts avant d'arriver au corps de la machine.

Quelquefois ces deux genres d'antivibrateurs étaient combinés ensemble.

D'autre part, on a cherché à construire des roues antivibratrices par elles-mêmes au moyen de ressorts placés entre le moyeu et la jante.

Les antivibrateurs dans la selle ont donné lieu à une grande quantité d'applications, procédant toutes du système d'un ou de plusieurs ressorts de nature et de formes variées et ayant pour but d'isoler la selle du bâti sur laquelle elle est installée ou du corps même de la machine.

La recherche des antivibrateurs par les caoutchoucs, longtemps négligée au profit des systèmes précédents, a donné lieu depuis 1889 à la double innovation des caoutchoucs creux et pneumatiques dont les variétés sont en peu de temps devenues innombrables.

En présence des dernières découvertes, les antivibrateurs par le guidon, par le corps de la machine ou par les roues ont été à peu près abandonnés comme ayant des inconvénients que l'expérience s'est chargée de démontrer.

Ils enlevaient en effet à la machine une bonne partie de sa rigidité, condition essentielle de la marche. Ils donnaient un excédent notable de poids, étaient sujets à des avaries entraînant des réparations longues et coûteuses, compromettaient la solidité de la machine et la compliquaient en exigeant des soins supplémentaires sans lesquels les antivibrateurs étaient rapidement mis hors d'usage.

Par contre, les antivibrateurs dans la selle et les caoutchoucs ont été l'objet de nombreux perfectionnements que l'usage a justifiés, et c'est bien là, en effet, qu'il faut chercher la solution du problème.

Le meilleur antivibrateur qu'on puisse employer provient donc de l'usage simultané d'une selle bien suspendue et de caoutchoucs creux ou pneumatiques, le tout proportionné pour l'élasticité au poids du vélocipédiste.

CHAPITRE VIII

LES AVERTISSEURS

Grelot à arrêt.

Les avertisseurs appartiennent à deux catégories principales : les *trompes* d'une part, et d'autre part les *grelots*, auxquels on peut assimiler les timbres, les sonnettes, etc.

Le grelot est l'avertisseur officiel, celui qui est imposé aux vélocipédistes par les ordonnances de police. Chaque vélocipédiste doit en être muni, sous peine de s'exposer à une contravention.

Grelot simple.

Le calibre n'en est pas indiqué, mais il faut que le grelot soit théoriquement assez sonore pour se faire entendre au milieu du bruit moyen de la rue.

Toutefois, soit que le grelot fût insuffisant, soit par amour de la nouveauté, quelques vélocipédistes ont préféré la sonnette à la voix plus claire, ou bien le timbre aux vibrations plus perçantes, surtout quand il est double.

Timbre à répétition.

Sifflet à trembleur.

Puis vint enfin la trompe à pomme de caoutchouc actionnée par la main, et qu'on a faite de tous les calibres, depuis la trompe minuscule, qui produit seulement le son d'un gros sifflet, jusqu'à la trompe géante, recourbée en cor de chasse, et dont l'énorme voix donne l'illusion d'une trompe de tramway.

Il est certain que le grelot, à moins d'être énorme, est absolument insuffisant pour signaler la présence du vélocipédiste au milieu d'une rue où la circulation est très active, surtout si cette rue est pavée. On peut s'en rendre compte par les hansom-cabs, dont les roues sont également munies de caoutchouc et possèdent un grelot très volumineux, agissant sans discontinuer, et qui pourtant est encore trop faible dans bien des cas.

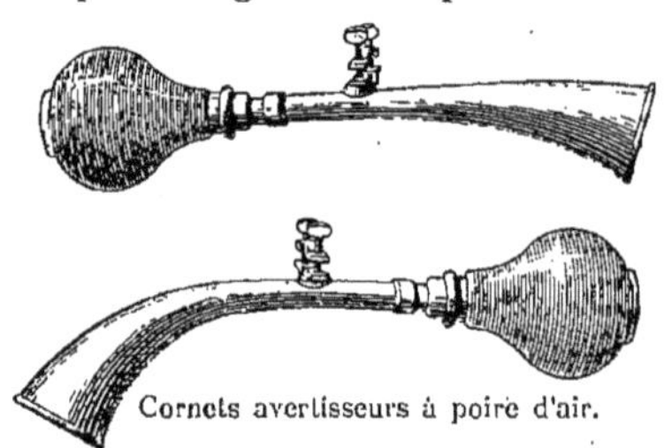
Cornets avertisseurs à poire d'air.

La trompe sera particulièrement utile en ville ou à la campagne, pour faire ranger une voiture occupant le milieu d'une rue ou d'une route étroite de manière à ne pas laisser un espace suffisant. Elle servira aussi efficacement à prévenir des personnes marchant sur la chaussée dans le même sens que le vélocipédiste, et qui n'entendent pas celui-ci arriver sur elles.

Le vélocipédiste ne devra pas attendre pour donner un coup de trompe d'être arrivé tout près des piétons qu'il veut faire ranger. D'abord cette façon d'agir est peu convenable, ensuite il peut en résulter un péril pour le vélocipédiste lui-même. En effet, le piéton, effrayé plutôt que prévenu, n'a pas le temps de réfléchir de quel côté il doit se ranger et peut involontairement, au lieu d'éviter le vélocipédiste, se jeter sur lui et le faire tomber.

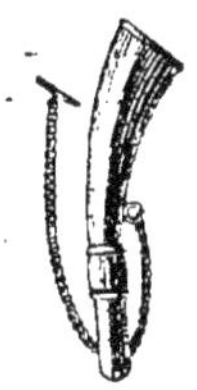

Cornet avertisseur trompette.

Le vélocipédiste devra donc faire de sa trompe un usage modéré et seulement dans les cas où ce sera nécessaire. Il n'y a rien de plus énervant pour le public que de rencontrer des vélocipédistes se servant de leur trompe à jet continu et sans aucune autre raison que celle de faire du bruit. Celui qui agit ainsi est parfaitement ridicule et son procédé, loin de concilier à la vélocipédie les sympathies du public, est au contraire de nature à la lui faire prendre en exécration.

La même réflexion peut s'appliquer aux timbres à sons stridents et aux avertisseurs similaires pouvant effrayer le public ou l'importuner.

Le grelot a moins d'inconvénients et le vélocipédiste peut en faire l'usage qu'il voudra : continu dans les rues très fréquentées, intermittent dans les voies où la circulation est moindre.

A moins de cas exceptionnels où il faut se faire entendre à distance, ou bien au milieu du tapage d'une rue mouvementée, le meilleur avertisseur est encore la voix, c'est le plus pratique et le plus convenable. La voix prévient sans effrayer et c'est le mode d'avertissement que le public accepte le plus volontiers. Un appel de voix, énergique pour une voiture, plus modéré pour les piétons, dit poliment et à distance raisonnable et suivi d'un « merci », est le meilleur moyen de se faire livrer passage sans résistance ni réflexions désagréables.

Le vélocipédiste sérieux devra donc l'employer dans tous les cas possibles. Il s'en trouvera bien et le public lui en saura gré, ce qui servira la cause générale de la vélocipédie.

LES LANTERNES

Un des accessoires les plus nécessaires au vélocipédiste est une bonne lanterne.

Tout d'abord, un vélocipédiste exposé à se servir de sa machine pendant la nuit sur route, ou le soir en ville, est obligé de posséder une lanterne, non seulement par raison de sécurité, mais par l'injonction formelle d'une ordonnance de police.

Les types de lanternes varient à l'infini comme forme ou comme système : chaque jour voit apporter des perfectionnements de détail aux modèles existants. Pourtant, toutes les lanternes employées peuvent se rapporter à deux types principaux :

La lanterne à huile et la lanterne à bougie.

Chacune a ses adeptes et ses détracteurs.

La *lanterne à huile* a l'avantage d'être moins volumineuse et de donner plus de lumière lorsqu'elle est bien entretenue ; elle a l'inconvénient de demander des soins continuels : car, aussitôt qu'on l'a laissée s'encrasser, elle ne fonctionne plus convenablement. Il faut donc la nettoyer à fond chaque fois qu'on s'en sert, pour qu'elle fasse un bon usage.

La *lanterne à bougie* est plus embarrassante à cause de la prolongation du tube qui contient la bougie ; elle donne un peu moins d'éclat. Par contre, elle est moins compliquée et plus facile à entretenir, le point essentiel étant que le ressort à boudin fonctionne bien.

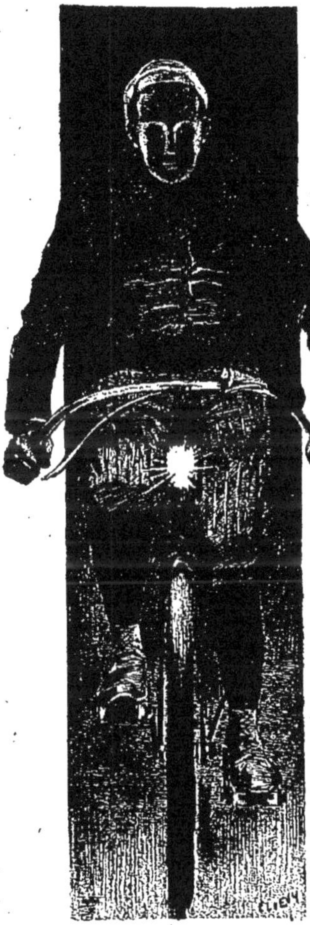

Ce n'est que pour mémoire qu'on peut citer la lanterne électrique. Il en a été fabriqué quelques-unes, mais elles avaient toutes le défaut d'être d'un poids considérable et d'un prix excessif. Le problème de la lumière électrique sous un petit volume et un petit poids et à bon marché est loin d'être résolu : il n'y a donc pas à s'en occuper encore pour les lanternes de vélocipèdes.

Jadis les lanternes s'éteignaient facilement par l'effet des secousses, parce qu'elles étaient placées directement sur la machine. Depuis, on a perfectionné cet organe accessoire ; on a commencé par inventer des ressorts portatifs servant d'intermédiaire entre la machine et la lanterne, puis on a fini par fixer le ressort à la lanterne elle-même. Aujourd'hui, on est arrivé à fabriquer des ressorts tellement souples qu'ils amortissent toutes les secousses et que les lanternes qui en sont munies peuvent subir sans s'éteindre les chocs les plus violents.

Il est très utile d'avoir un réflecteur détachable : on peut ainsi le nettoyer vite et facilement; or l'éclat de la lanterne dépend surtout du bon état du réflecteur.

Lanterne suspendue.

Une lanterne ne doit pas être trop petite; il faut en effet à la flamme un espace raisonnable pour que la combustion s'accomplisse normalement.

Les lanternes se fixent sur les machines à des endroits très différents.

En bicycle, on la place soit à la tête du bicycle, soit au moyeu, dans l'intérieur de la grande roue.

Cet éclairage est toujours défectueux : la lanterne fixée à la tête est trop éloignée du sol qu'elle n'éclaire que faiblement; placée au moyeu de la roue, elle éclaire plus vivement le sol, mais elle se balance continuellement et donne une lumière vacillante et indécise.

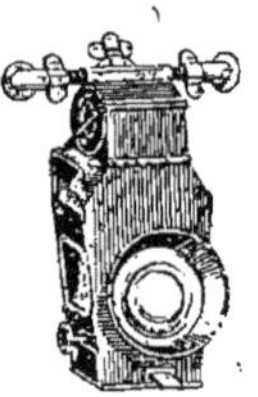
Lanterne de moyeu.

En bicyclette et en tricycle, elle peut se placer à la tête de la machine; alors elle est à une distance raisonnable du sol qu'elle éclaire suffisamment; mais le vélocipédiste, ayant la figure placée au-dessus de sa lanterne, peut être fortement incommodé par la chaleur et surtout par l'odeur, principalement dans le cas des lanternes à huile. De plus, la lanterne ainsi placée gêne pour l'installation du bagage. Aussi nombre de vélocipédistes ont-ils pris l'habitude de fixer leur lanterne soit à un repose-pied de la fourche de devant, soit à l'axe même de la roue de devant avec un porte-lanterne extérieur à la fourche. La lanterne ainsi placée éclaire parfaitement le sol et ne gêne en rien le vélocipédiste.

Au surplus, le vélocipédiste ne doit pas se fier entièrement sur sa lanterne pour lui montrer les obstacles. Elle sera suffisante, s'il marche à un train modéré, pour lui faire voir et éviter à temps les plus gros; un peu de prudence pourvoira aux autres. Par contre, la lanterne lui sera de la première utilité pour signaler sa présence aux piétons et surtout aux voitures et empêcher ainsi des collisions dont il serait toujours la principale victime. C'est à ce point de vue surtout que la lanterne peut rendre de grands services.

LES ACCESSOIRES

On ne se doutait certainement pas au début de la vélocipédie de l'importance extraordinaire que devait prendre en peu de temps l'industrie des accessoires de vélocipèdes.

Tout d'abord on ne voyait que la machine en elle-même : le reste n'existait pas, on n'en avait pas même idée. Tout était sacrifié à la vitesse, on ne se préoccupait nullement du confortable. Une clef pour les écrous et un peu d'huile pour les frottements, on n'en cherchait pas plus long.

Il faut dire qu'au début le bicycle, première forme du vélocipède, était moins compliqué et perfectionné que les machines actuelles et aussi qu'on voyait seulement dans le bicycle un instrument de course; personne ne pensait encore à ses applications, ni au tourisme, de naissance relativement récente et dont une des premières conditions est le bien-être réalisé dans ses moindres détails.

Depuis quelques années, cette question des accessoires de vélocipèdes a fait des progrès considérables, et l'ingéniosité des inventeurs s'est largement exercée pour répondre à tous les besoins nouveaux.

La liste des accessoires actuellement en usage est longue au point qu'il serait presque impossible de les citer tous sans en oublier; mais il en est pourtant de si connus et de si nécessaires qu'ils méritent une mention spéciale :

Tout d'abord les *clefs*, qui sont de deux sortes : la

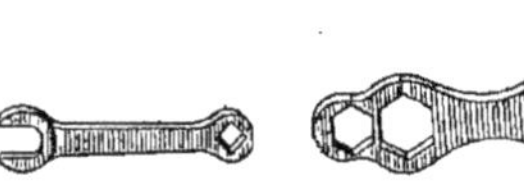

Clef de coussinet. Clef à écrous. Clef anglaise.

clef ordinaire, ayant des échancrures de dimensions différentes pour s'appliquer à tous les écrous; la clef anglaise ajustable et pouvant servir à tous les usages. Celle-ci, très commode en théorie et fabriquée sous les formes les plus variées, a le défaut de prendre facilement du jeu et de finir par ne plus serrer les écrous ou par user leurs arêtes. Les clefs de vélocipèdes ont encore besoin de grands perfectionnements ;

Les *burettes*, destinées à contenir l'huile nécessaire pour le voyage. Il y en a de tous les prix et de toutes les dimensions. Le système de fermeture est à examiner avec soin. Il faut prendre de préférence celles qui ne peuvent se déboucher ni laisser couler l'huile; il en existe sous ce rapport de très simples et très pratiques ;

Les *serre-rayons* sont des sortes de pinces ajustables

avec une vis destinée à régler les rayons desserrés par suite des chocs et des trépidations;

Les *chaînes de sûreté* sont des chaînes munies de cadenas à secret et ayant pour but d'attacher ensemble

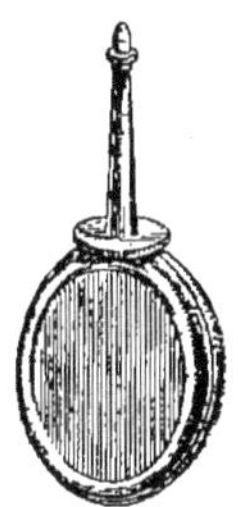

Burette.

Burette de sûreté.

Burette à robinet.

certaines parties de la machine pour l'empêcher de rouler, lorsqu'on est obligé de l'abandonner momentanément sur la voie publique. Il y a différentes façons d'attacher la chaîne; la meilleure est de la passer à travers une pédale et autour d'un des tubes du cadre.

Serre-rayons.

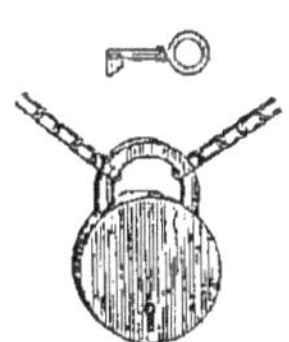

Cadenas de sûreté.

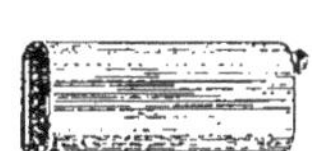

Flacon pour l'huile minérale.

C'est une bonne précaution à prendre contre les voleurs;

Les *porte-bagages*, qu'on fait de formes infinies, placés en des points divers, soit sur le guidon, soit sur le corps même de la machine, et destinés à porter, selon leur force, soit des paquetages légers, soit même des valises fortement chargées;

Les *porte-lanternes* ajustables, de modèles variés, et se fixant soit à la tête de la machine, soit à une des fourches de la roue de devant des bicyclettes et des tricycles;

Les *porte-cravaches*, petit appareil ajustable au guidon, et qui permet de placer une cravache qu'on a toute prête sous la main, pour se défendre par exemple contre un chien;

Les *porte-montres*, pouvant se fixer sur le guidon de façon à permettre au vélocipédiste d'avoir toujours l'heure sous les yeux;

Les *chronographes*, ayant pour but de prendre les temps des coureurs d'une façon exacte;

Les *compteurs kilométriques*, enregistrant automatiquement la distance parcourue par le vélocipédiste depuis le point de départ, où il aura été préalablement placé à zéro;

Les *serre-freins*, petits appareils fixés au guidon et ayant pour objet de serrer le frein et de le maintenir dans les longues descentes, évitant ainsi la fatigue de la main par suite d'un serrage trop prolongé. Les serre-freins peuvent serrer graduellement selon le degré de déclivité du sol;

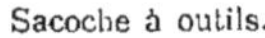

Sacoche à outils.

Les *supports* de bicyclette, ayant pour but de tenir la bicyclette debout à son remisage et de la renverser pour la nettoyer;

Les *sacoches* à outils de dimensions diverses et pouvant se fixer soit au guidon, soit à l'arrière de la selle;

Les *repose-pieds* mobiles se fixant à volonté aux fourches de la roue de devant;

Les *marchepieds* détachables et pouvant se fixer à

volonté à l'axe de la roue d'arrière ou aux fourches d'une bicyclette ;

Les *couvre-selles*, destinés à protéger la selle, lorsqu'on doit laisser la machine dehors en temps de pluie, et à la maintenir sèche ;

Les *ressorts de selles*, soit ressorts à boudins, soit du genre dit « arabe », ayant pour but d'amortir les trépidations ;

Le marchepied.

Les *arrêts de pied*, se fixant à la pédale et arrêtant le bout du pied et l'empêchant ainsi de glisser de la pédale dans un moment d'effort ;

Les *pompes* pour le regonflement des caoutchoucs pneumatiques ;

Les *pinces* et *épingles* pour pantalons, servant à attacher le bas du pantalon pour l'empêcher de flotter et de se prendre, soit dans les rayons des bicycles, soit dans les chaînes des bicyclettes. Les pinces sont préférables aux épingles, parce qu'elles ne risquent pas de déchirer le pantalon ;

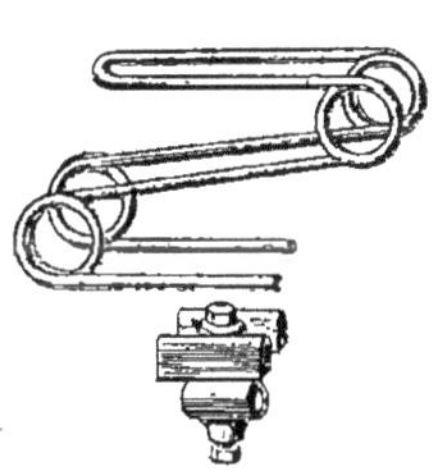

Ressort arabe (selle).

Les *boulons d'arrêt* de chaîne, destinés à être passés entre les maillons de la chaîne et retenus par un cadenas, empêchant ainsi la machine de tourner. Bonne précaution contre les voleurs ;

L'*émail*, pour faire soi-même des raccords de peinture à sa machine sur les parties écorchées ;

La *colle* spéciale pour recoller les caoutchoucs dans la jante ;

Enfin, les *lanternes*, les *valises*, les *avertisseurs* précédemment décrits.

Tous les jours, les progrès de l'industrie font imaginer des accessoires nouveaux et d'une utililité plus ou moins grande.

Assurément cette industrie récente nous ménage encore bien des perfectionnements, ayant tous pour but soit l'entretien de la machine, soit sa réparation, soit l'agrément du vélocipédiste.

Grâce à tous ces accessoires, un cycliste quelque peu expérimenté pourra dans la plupart des cas, et en dehors d'une avarie grave, remettre lui-même sa machine en état, ce qui sera un précieux avantage dans les pays dénués de ressources au point de vue vélocipédique.

CHAPITRE IX

HAUTEUR DES MACHINES

Avec le bicycle ordinaire et avec les autres machines à hauteur fixe chaque vélocipédiste est obligé de monter une machine à sa taille, car la longueur des jambes sert à chacun de mesure pour la hauteur de sa roue.

Il est de première importance pour un bicycliste d'avoir une machine qui soit exactement à sa taille; alors seulement il sera complètement à l'aise et ne sera gêné en rien, ce qui lui permettra de conserver toute sa souplesse et d'employer toute sa force.

Un grand nombre de bicyclistes novices commettent la grosse faute de monter des machines trop hautes. Il en résulte, ou bien qu'ils sont obligés de rapprocher la selle trop près de la tête du bicycle et que malgré cela ils touchent difficilement les pédales, ce qui leur enlève beaucoup de force en augmentant le danger de perdre la pédale et de tomber en avant; ou bien que, pour appuyer solidement sur les pédales, ils sont obligés de faire un mouvement alternatif des hanches en balançant le corps à droite et à gauche à chaque coup de pédale, ce qui est aussi disgracieux que fatigant.

Ces néophytes s'imaginent augmenter leur vitesse en montant une machine aussi haute qu'ils le peuvent. C'est une erreur profonde qu'ils finissent tous par reconnaître après une expérience personnelle suffisante ; mais, par un phénomène bizarre, il est très rare qu'ils veuillent en convenir d'abord et se rendre aux observations des bicyclistes expérimentés.

Aussi payent-ils presque toujours leur erreur par des chutes d'autant plus fréquentes que la machine est plus haute pour eux, car le danger augmente en proportion directe de l'excès de hauteur. Ce n'est souvent qu'après de nombreux accidents qu'ils finissent par reconnaître que la machine ne leur convenait pas. Alors ils vont quelquefois à l'excès contraire, ce qui, du reste, ne présente pas les mêmes inconvénients. Enfin, peu à peu, et après de nombreux tâtonnements, ils arrivent à trouver la hauteur de machine qui leur convient le mieux, en leur donnant le maximum de commodité, de sécurité et d'aisance dans la propulsion.

C'est à ce point idéal, que certains bicyclistes n'arrivent jamais à découvrir, soit par négligence, soit par de mauvaises habitudes invétérées, que le vélocipédiste est le plus à l'aise pour donner son maximum de vitesse avec son minimum d'effort et de fatigue, car la première condition, pour la bonne propulsion du bicycle, est la souplesse qui résulte de la parfaite indépendance du mouvement des jambes relativement au corps.

Aussi beaucoup de vélocipédistes sont-ils montés pendant de longues années en bicycle et n'ont-ils jamais pu arriver sur cette machine aux résultats dont ils étaient capables, et cela simplement parce qu'ils se sont entêtés à ne jamais monter de machines qui leur fussent exactement proportionnées.

Le même bicycliste peut monter une machine plus haute dans les courses données sur des pistes bien plates, bonnes comme terrain et avec des virages bien relevés, que dans les courses sur de mauvaises pistes ou sur route et surtout en simple voyage ou promenade.

Dans le premier cas, en effet, ne devant rencontrer devant lui aucune espèce d'obstacle et pouvant conserver sur sa machine une position constante et, par conséquent, un coup de pédale parfaitement uniforme, il monte sans inconvénient au maximum de hauteur relatif à sa taille, ce qui lui permet de tirer le plus grand parti possible du développement de sa roue.

Dans le second cas, il est exposé à chaque instant à une modification dans le coup de pédale et dans la position du corps. Les accidents de terrain lui donnent des secousses qui peuvent lui faire perdre les pédales ; les virages courts l'obligent à se pencher en dedans, de sorte que le pied extérieur est moins maître de sa pédale, surtout si le sol est mauvais. Les descentes le forcent à se porter d'autant plus en arrière qu'elles sont plus rapides, ce qui augmente la distance entre le corps et les pédales. Il est donc évident que, dans tous ces cas, la jambe doit conserver une certaine marge de flexion qui permette de se plier à tous les changements occasionnés par ces différents genres d'obstacles.

Aussi un coureur qui, sur bonne piste, pourra monter un bicycle du diamètre de $1^{m},40$ ne devra-t-il plus, sur route, employer qu'une machine de 1^m,35, en supposant que la distance entre le caoutchouc de la roue et la selle reste la même dans les deux machines.

De même, le bicycliste pourra employer une machine plus haute pour une course de vitesse que pour une course de fond, surtout si celle-ci doit être d'une très longue durée.

Dans le premier cas, en effet, l'effort n'étant que momentané, le bicycliste pourra le supporter à son maximum pendant un temps donné qu'il ne pourrait dépasser, tandis que, dans le second cas, il devra viser avant tout la question de confortable, le train étant forcément moins vite et la fatigue devant provenir surtout de la continuité du mouvement. Or, sur une machine un peu moins haute que le maximum qu'il peut monter, le bicycliste sera plus à l'aise et aura toutes les chances d'augmenter son endurance en diminuant une des causes de fatigue.

Avec les machines à hauteur ajustable il y a lieu de faire les mêmes réflexions ; seulement, en général, les inconvénients sont moindres.

En effet, lorsqu'un vélocipédiste a acheté un bicycle trop haut pour lui, il est condamné à une position mauvaise et dangereuse tant qu'il ne se sera pas décidé à se débarrasser de sa machine pour en prendre une autre mieux proportionnée.

Avec les machines à hauteur ajustable, ce n'est plus qu'une question de tige de selle qu'on élève plus ou moins. Cependant il arrive quelquefois que, mise au plus bas, la selle est encore trop éloignée des pédales, parce que le corps de la machine est trop grand. Dans ce cas, il faudra faire couper le tube qui reçoit la tige de selle jusqu'à ce qu'on obtienne la hauteur voulue, et, si cela est impossible, le cycliste devra renoncer à ce modèle de machine et en prendre un autre proportionné à sa taille.

LA COULEUR DES MACHINES

Les anciennes machines ont donné lieu en matière de couleurs aux fantaisies les plus variées.

Tout d'abord elles étaient peintes, avec des parties polies ou nickelées; puis on en a fait d'entièrement polies ou nickelées, voire même d'argentées et de dorées. Quant à la peinture, en général elle était noire; mais beaucoup d'autres couleurs, bleu foncé, chocolat, vert bouteille, etc., etc., furent employées. Elles étaient rehaussées par des filets d'or ou de couleur de toutes les largeurs et de dessins variés à l'infini. Le besoin du luxe ou de l'originalité se donna libre cours et dépassa tellement les bornes du bon goût qu'on en arriva naturellement à une réaction opposée, lorsqu'on eut reconnu les inconvénients de cette orgie de décoration.

En effet, les machines toutes polies ou nickelées, outre qu'elles étaient d'un prix notablement supérieur à la moyenne, exigeaient un entretien constant, faute duquel elles arrivaient rapidement à se rouiller et à devenir ainsi d'autant plus laides que les parties détériorées contrastaient davantage avec celles qui s'étaient conservées en bon état.

Les machines argentées ou dorées furent heureusement des exceptions très coûteuses et manquant du reste complètement l'effet cherché; elles étaient trop brillantes, attirant l'œil, mais plutôt pour le choquer que pour le séduire.

C'est, du reste, le sort de toutes les machines trop éclatantes qui sentent le clinquant et qui doivent être proscrites par les vélocipédistes sérieux.

Plus tard, on abandonna les surfaces métalliques et les filets de couleur et l'on en arriva à faire les machines uniformément noires, avec quelques parties nickelées.

Pendant l'été de 1890, un nouvel essai de couleurs fut tenté, mais cette fois on employa les couleurs les plus criardes et l'on vit des machines rouges, vert pomme, bleu ciel, gris perle, etc. Toute la gamme des couleurs menaçait d'y passer; mais ce ne fut qu'un essai avorté, tenté par quelques fantaisistes désireux d'attirer l'attention, et qui n'a pas trouvé d'écho dans la masse des vélocipédistes.

La meilleure couleur à tous égards est en effet le *noir*, qu'on peut relever par quelques parties nickelées, telles que le guidon, les bagues de la tête, les moyeux, les manivelles, les pédales, les supports de selle, les porte-lanternes, le frein, les repose-pieds, les écrous, les tiges de tension, les axes des tricycles, voire même les pignons, les chaînes et les rayons.

Toutes ces parties nickelées relèvent l'aspect général de la machine, en lui donnant plus de légèreté à l'œil et en rompant l'uniformité de sa couleur.

Le *noir* est la couleur la plus simple et la plus convenable; il a, en outre, cet avantage d'être facilement réparable en cas d'écorchure. Avec un peu d'émail japonais, le vélocipédiste peut faire lui-même très facilement des raccords de peinture jusqu'au jour où sa machine aura besoin d'être entièrement émaillée à neuf.

En dehors du noir, la seule couleur qui pourrait avoir quelques chances de succès, au point de vue pratique, est le *gris*, sur lequel la boue et la poussière paraissent moins que sur toute autre nuance.

En un mot, le vélocipédiste qui désire faire remarquer sa machine doit le faire non par l'excentricité dans la couleur, mais par la beauté dans la fabrication, par la discrétion dans la teinte et la sobriété dans les ornements autant que par l'excellence de l'entretien.

Ce sera le meilleur plaidoyer en faveur du bon goût du propriétaire.

LE POIDS DES MACHINES

Le poids des machines est un des sujets qui ont de tout temps attiré l'attention des vélocipédistes et les efforts des fabricants.

On comprend en effet à première vue quelle influence énorme cette question peut avoir sur les résultats obtenus.

L'homme n'est pas une bête de somme qu'on peut charger jusqu'à la limite de ses moyens, surtout lorsqu'il s'agit d'employer sa force non pas au point de vue passif, mais au contraire au point de vue actif. Or l'idéal de la vélocipédie étant de donner le maximum de rendement en vitesse avec le minimum en fatigue, on a dû chercher à améliorer tout ce qui pouvait entraver la marche, et la réduction dans le poids des machines a été une des principales préoccupations des vélocipédistes.

Le poids des machines varie à l'infini selon les différents modèles et l'usage qu'on en veut faire ; mais il y a deux grandes classifications générales qu'il y a lieu d'examiner séparément et qui peuvent se résumer par ces deux mots : *course* et *route*.

MACHINES DE COURSE

La première des conditions pour une machine de course est d'arriver à lui donner la plus grande *légèreté* possible sans nuire à sa *rigidité* et à sa *solidité*.

Elle doit en outre être d'une extrême *simplicité* et dénuée de tous les détails qui n'ont aucune action sur la *propulsion* qui doit être l'unique objectif.

La question de *confortable* peut être mise de côté, surtout dans les machines devant servir aux courses de vitesse. Toutefois, il faut que la machine ne gêne le coureur en aucune partie, sous peine d'annihiler ou de compromettre ses moyens.

C'est une erreur de croire que la meilleure machine de course est la plus légère. La machine, au point de vue du poids, doit être proportionnée à celui qui la monte. Si elle est trop faible, elle plie sous la masse ou sous l'effort; une partie de la force du vélocipédiste se perd ainsi dans cet effet de ressort imprévu et l'on obtient un résultat inférieur à celui qu'on eût eu sur une machine un peu plus lourde et par conséquent un peu plus résistante.

Le poids personnel du coureur devant être le premier élément pour la détermination du poids de la machine à adopter, il y a lieu tout d'abord de diviser les coureurs en plusieurs catégories de poids dont les chiffres de 60, 70 et 80 kilogrammes sont les échelons moyens, ce qui aboutira au classement en hommes *légers*, *moyens* et *lourds*. Les poids au-dessous et au-dessus de ces chiffres seront tout à fait exceptionnels et pourront comporter quelques modifications dans les machines qui leur seront destinées; mais cela n'affectera pas la moyenne générale à laquelle s'appliqueront les chiffres indiqués ci-dessous.

Les trois modèles principaux employés dans les courses sont le bicycle, le tricycle et la bicyclette.

Le *bicycle*, étant la machine la plus simple de construction, est celle dont le poids peut être le plus impunément réduit, d'autant plus que sa hauteur varie en proportion de la taille du vélocipédiste.

Pour des hommes petits et légers, le bicycle de course peut être amené à 9 kilogrammes. Pour une taille un peu supérieure et des hommes moyens, il devra être de 10 à 11 kilogrammes; enfin les bicycles très grands et destinés à des hommes lourds devront atteindre 12 kilogrammes. Ces poids sont calculés pour aller sur de bonnes pistes; car, s'ils devaient servir sur de mauvais terrains, ils seraient insuffisants. Dans ce cas, les coureurs agiront prudemment en sacrifiant un peu la légèreté à la solidité et en prenant une machine d'un poids et par conséquent d'une résistance un peu supérieurs.

Le *tricycle*, en prenant comme types de comparaison la triple échelle des hommes de poids léger, moyen et lourd, pourra être abaissé aux poids respectifs de 12, 14 et 16 kilogrammes.

On a établi quelques tricycles de course du poids invraisemblable de 11 et même de 10 kilogrammes; mais, à moins d'être montées sur des terrains exceptionnels et par des coureurs ultra-légers, ces machines n'avaient pas la rapidité nécessaire et faiblissaient sous le poids du coureur; aussi les a-t-on abandonnées pour revenir à des poids plus raisonnables.

Les poids ci-dessus sont ceux de machines destinées à des pistes parfaites; car, dans le cas de mauvais terrains, il vaudra toujours mieux prendre une machine d'un numéro supérieur comme poids.

La *bicyclette* peut tenir le milieu entre le bicycle et le tricycle au point de vue du poids; car, si l'ensemble des roues et du corps peut être sensiblement de même importance que dans le bicycle, elle a en plus la chaîne et les pignons, tandis qu'au contraire elle n'a pas l'axe de derrière du tricycle et son corps est également plus simple.

Dans ces conditions, pour les hommes légers, moyens et lourds, elle devra donc peser respectivement 10, 11 et 12 kilogrammes, pour les très bonnes pistes, et 1 kilogramme de plus par échelon pour les pistes défectueuses.

Abaisser les machines au-dessous de ce poids serait imprudent au point de vue de la solidité.

Ces poids sont ceux de machines à caoutchoucs pleins, car, avec des caoutchoucs pneumatiques, il faut ajouter 2 kilogrammes pour les bicycles et bicyclettes et 3 kilogrammes pour les tricycles; avec des caoutchoucs creux, l'augmentation sera de 3 kilogrammes pour les bicyclettes et de 4 environ pour les tricycles.

MACHINES DE ROUTE

On saisit du premier coup la différence énorme qui doit exister entre des machines destinées à des usages limités et à des terrains spéciaux et des machines qui doivent affronter toutes les difficultés et tous les obstacles qui se rencontrent sur la route, et cela en toutes saisons.

De plus, tandis que le coureur est habituellement un homme jeune ou tout au moins d'un poids moyen, il peut arriver que le touriste soit, au contraire, excessivement lourd, surtout lorsqu'il pratique la vélocipédie pour combattre l'obésité.

D'ailleurs, les machines de route doivent être munies de certaines parties, telles que marchepieds, repose-pieds, garde-crotte et garde-chaîne, frein, ressort de selle, qui ne sont pas nécessaires dans une machine de course et qui augmentent sensiblement son poids.

La première condition à rechercher pour une machine de route est donc la *solidité* alliée à la plus grande somme possible de *commodité*.

Après expérience faite, on a reconnu qu'à poids égal chez le vélocipédiste, la machine de route devait peser environ *un tiers* de plus que la machine de course correspondante.

Ainsi, pour les trois catégories d'hommes de 60, 70 et 80 kilogrammes, les bicycles et bicyclettes de route devront osciller entre 15 et 18 kilogrammes et les tricycles entre 18 et 24 kilogrammes.

Pour les hommes d'un poids plus élevé ou qui ont l'habitude d'emporter beaucoup de bagage, la machine devra être en proportion ; les bicyclettes devront donc peser 20 kilogrammes et même davantage et les tricycles aller jusqu'à 30 kilogrammes.

C'est encore une erreur assez répandue de croire que sur route on marche d'autant mieux qu'on monte une machine plus légère. Cela peut être vrai pour les routes qui, par leur qualité, ressemblent à des pistes, mais non pour la moyenne ordinaire des routes qui présentent une foule d'obstacles nuisant à la propulsion, surtout pendant la mauvaise saison.

On ne peut nier que la sensation d'une machine légère ne soit particulièrement agréable : la machine est plus facile à démarrer et à arrêter; on monte plus facilement les côtes et l'on suit facilement le train de compagnons, égaux en force, mais plus lourdement outillés.

Aussi les coureurs et en général les vélocipédistes qui aiment avant tout la vitesse ont-ils l'habitude de sortir sur route avec leurs machines de course ou tout au moins avec des machines légères.

Ce programme attrayant est facilement réalisable dans la belle saison et sur les terrains exceptionnels; mais, pour peu qu'on subisse des intempéries ou que le sol soit raboteux, empierré ou défoncé, les machines trop légères perdent tout leur charme et les machines plus lourdes prennent une éclatante revanche.

Les premières éprouvent en effet des secousses d'autant plus fortes qu'elles sont elles-mêmes plus légères et causent à ceux qui les montent des trépidations proportionnelles; tandis que les machines plus lourdes amortissent beaucoup mieux les chocs et soulagent sensiblement le vélocipédiste. Aussi peut-on conclure qu'après une longue sortie, faite dans des conditions défavorables, le vélocipédiste qui aura monté une machine un peu lourde sera moins fatigué que celui qui en aura monté une plus légère.

Il y a aussi la question des avaries qui n'est pas à négliger.

Si l'on excepte les chutes, rien ne détériore davantage une machine que les trépidations; plus la machine est secouée, plus elle souffre; les boulons se desserrent, les articulations se fatiguent, le métal se désagrège, et un beau jour la machine casse, sans cause apparente et immédiate, mais par suite d'une usure prolongée.

L'idéal serait donc de posséder deux machines, une

plus légère pour le beau temps et les bonnes routes, l'autre plus lourde pour la mauvaise saison et les routes défectueuses.

Comme beaucoup de vélocipédistes ne peuvent se donner ce luxe, il faut conseiller plutôt des machines un peu lourdes à ceux qui se préoccupent médiocrement de la vitesse et pratiquent la vélocipédie en toute saison et par toute espèce de terrain, tandis que ceux qui aiment à dévorer les kilomètres pourront prendre les machines intermédiaires comme poids, dites « demi-courtes », et ne sortir que lorsque les conditions de température et de sol seront favorables.

Après tout, peut-être est-ce seulement ainsi que le tourisme est véritablement et complètement agréable.

CHAPITRE X

LA POSITION EN MACHINE

Une des questions principales auxquelles doit s'attacher un vélocipédiste est d'avoir une bonne *position* en machine.

Selon que cette condition sera observée ou non, il en résultera, en effet, pour le vélocipédiste une économie ou une augmentation de fatigue considérable et une différence notable dans l'emploi de ses forces.

Le but à atteindre dépend de deux éléments principaux : la position de la selle par rapport aux pédales et la position du guidon relativement à la selle.

Ceci nous amène à examiner la position générale à un triple point de vue :

La position du corps ;

La position des pieds et des jambes ;

La position des bras et des mains.

Ces trois éléments se corroborent et se complètent pour aboutir à la *position parfaite*, la non-observation de l'une de ces trois conditions entraînant des inconvénients graves, au point de vue de la fatigue et même de l'élégance.

POSITION DU CORPS

La position du corps dépend principalement de la façon dont est placée la selle.

En bicycle, la position de la selle a sensiblement varié depuis la création de cette machine.

Au début, la selle était placée très loin sur le grand ressort allant rejoindre la roue de derrière; le bicycliste avait alors une position de corps très défectueuse, car il poussait beaucoup trop en avant, ce qui lui enlevait toute force.

Plus tard, lorsque le ressort de selle fut placé sur le corps, la selle fut avancée progressivement. On arriva même jusqu'à mettre le bec de la selle en contact avec la tête du bicycle. Ce fut un excès opposé; car cette position était très dangereuse en rapprochant trop le centre de gravité de l'axe de la roue, ce qui facilitait les chutes en avant.

Peu à peu, on recula la selle sur le corps, pour finir par la mettre dans une position normale.

Actuellement, la selle se place de manière que le bec soit à une distance variant de 10 à 15 centimètres de la tête du bicycle.

Cette position concilie la sécurité avec le meilleur rendement de la force; aussi tous les bicyclistes l'ont-ils adoptée, à très peu d'écart près.

En bicyclette et en tricycle, la position de la selle plus ou moins en avant ne compromettant pas la sécurité; elle ne devient plus qu'une question de commodité et de bon ou mauvais emploi de la force; c'est pourquoi il est beaucoup plus fréquent de voir des vélocipédistes ayant de mauvaises positions sur ces genres de machines.

Quelques vélocipédistes ont soutenu que le bec de la selle devait être *exactement perpendiculaire à l'axe des manivelles*, et beaucoup de machines ont été établies sur ces données.

Il semble aujourd'hui prouvé que cette théorie est erronée; car, avec une telle position, le vélocipédiste est assis trop en avant : il ne repose pas assez sur sa selle, il porte trop le poids du corps sur les bras et pousse trop en arrière.

Il en résulte un mauvais équilibre, qui occasionne aux bras une grande fatigue, sans permettre aux jambes de donner leur maximum de rendement.

D'autres vélocipédistes sont tombés dans l'excès contraire en plaçant leur selle en arrière d'une façon exagérée, au point que le bec est de 15 à 20 centimètres en arrière de l'axe des manivelles et que la selle est presque au-dessus de l'axe de la roue de derrière.

Ce défaut est aussi grave que le premier en mettant tout le poids du corps sur la selle et en ne permettant pas aux jambes d'employer toute leur force. D'autre part, cette position trop en arrière est excessivement disgracieuse; car le vélocipédiste semble accroupi, le dos courbé et les bras tendus en avant dans une posture qui va souvent jusqu'au ridicule.

D'après de nombreuses expériences faites sur toute espèce de terrains, et selon l'avis de la majorité des vélocipédistes les plus expérimentés, il semble que le bec de la selle doive être placé de 8 à 10 centimètres en arrière de l'axe des manivelles.

C'est la position qu'ont préconisée et que mettent en pratique les célèbres coureurs anglais Holbein et Wecredy, dont la compétence ne saurait être discutée.

POSITION DES PIEDS ET DES JAMBES

Combien voit-on de vélocipédistes novices ayant le milieu du pied posé sur leurs pédales et poussant dans cette position défectueuse !

Ainsi placé, le pied enlève à la jambe une partie notable de son élasticité. Il est nécessaire en effet pour la propulsion facile et souple de la machine que la jambe conserve libres ses trois articulations du corps, du genou et du pied. Si l'une est mise dans l'impossibilité de fonctionner, la jambe prend une raideur qui influe grandement sur la marche et augmente notablement la fatigue, tout en diminuant la force dans la même proportion.

Le pied doit donc être placé de façon que la partie la plus large de la *plante* du pied repose sur la pédale. Ainsi la cheville reste indépendante et garde toute sa souplesse, de même que la jambe conserve toute sa force active de propulsion.

Un autre élément très important et dont beaucoup de vélocipédistes ne tiennent pas assez compte est le degré de tension qu'on doit donner à la jambe.

Le vélocipédiste doit pouvoir, étant bien assis en selle, mettre sa pédale au plus bas et y appuyer le *milieu du pied*, ce qui laissera, lorsque le pied sera placé dans sa position normale, un certain jeu dans les articulations sans lequel elles éprouveraient des chocs.

La bonne position des jambes influe également beaucoup sur la propulsion.

Certaîns vélocipédistes marchent avec

les jambes écartées et les genoux en dehors.

C'est une grave erreur.

Les jambes de l'homme sont bien mieux constituées pour serrer que pour écarter; par conséquent cette position enlève aux jambes une bonne partie de leur force : elle est de plus fort disgracieuse et souvent ridicule.

D'autres vélocipédistes, au contraire, rapprochent leurs genoux au point de les croiser presque. Quelques bicyclistes finissent par user ainsi l'émail des fourches de leur machine.

Cet excès opposé est également défectueux.

La position parfaite des jambes est d'être *exactement perpendiculaires* aux pédales. C'est évidemment ainsi qu'elles donnent leur maximum de force et de régularité. Les jambes du vélocipédiste doivent être comme deux pistons de machine tombant automatiquement et avec le moins d'efforts possible relativement au rendement. Or il est évident que le parallélisme absolu des jambes est la meilleure condition pour arriver à ce résultat.

On comprend que, dans un moment d'effort momentané, les genoux se rapprochent dans une contraction instinctive, mais cela doit être accidentel et ne jamais dégénérer en habitude.

La position des genoux en dehors ou en dedans est défectueuse et disgracieuse en marchant à pied : il en est de même en vélocipède.

Il faut donc s'efforcer autant que possible de se rapprocher de la position reconnue comme la meilleure à tous les points de vue, et cela non seulement pour obtenir le meilleur résultat, mais encore pour donner à l'élégance esthétique la part qui lui est due.

Si, en effet, la question de force est la principale, la grâce ne doit pas non plus être négligée. A plus forte raison, lorsque ces deux éléments se combinent pour motiver les mêmes règles.

POSITION DES BRAS ET DES MAINS

La position des bras dépend de la façon dont est disposé le guidon, ce qui du reste influe également beaucoup sur la position générale du corps.

Très souvent le guidon est trop haut ou trop bas ; d'autre part, il est maintes fois trop loin ou trop près.

S'il est trop haut ou trop près, les bras sont repliés d'une façon excessive; alors ils perdent toute leur force et ne servent à rien lorsque leur rôle commence à devenir nécessaire, par exemple en montant une côte.

S'il est trop bas ou trop loin, les bras sont soumis à une tension constante; de plus le corps est amené à se porter trop en avant, ce qui, à la longue, occasionne aux bras une fatigue excessive.

Le guidon doit donc être placé à une bonne moyenne de hauteur et de distance, qui peut varier selon les habitudes de chacun et selon qu'il s'agit de machines de route ou de course.

Dans les premières, le guidon doit être plus haut et plus près que dans les secondes, la position du routier étant plus droite que celle du coureur.

En moyenne, les poignées ne doivent pas être placées au-dessous du bec de la selle; elles doivent de plus être posées de telle sorte que le vélocipédiste assis sur sa selle d'une façon normale les atteigne naturellement en ayant les bras tendus sans effort.

Les poignées doivent être inclinées un peu en dedans, de façon à se prêter à la position instinctive des mains.

Cette condition n'est ordinairement pas observée dans les bicycles, ni parfois dans les autres machines; aussi les bicyclistes ont-ils souvent pris l'habitude de tenir leurs poignées les mains renversées.

Cela peut être une position exceptionnelle de course, mais ne saurait convenir aux habitudes ordinaires: mieux vaut mettre les poignées en harmonie avec la disposition naturelle des mains, qui est de se placer un peu obliquement et les paumes en dessous.

En résumé, le vélocipédiste doit trouver sur sa machine une position où il soit complètement à l'aise et où chaque partie de son corps fonctionne d'une façon libre et indépendante, la souplesse étant, encore plus que la force, une condition absolue pour marcher sans gène ni fatigue.

Les règles énoncées ci-dessus ne sont pas absolues; elles sont seulement des moyennes ayant pour but de se rapprocher le plus possible de la position naturelle, grâce à laquelle on arrive à concilier le maximum de rendement et le minimum de fatigue avec l'observation bien entendue des lois esthétiques.

CHAPITRE XI

LE COSTUME

La question du *costume* est une des plus importantes pour le vélocipédiste; la solution qu'il choisit peut avoir pour lui des conséquences très graves, non seulement au point de vue de l'agrément, mais encore au point de vue de la santé : aussi ne saurait-il y prêter une trop grande attention.

Au début de la vélocipédie, on ne s'occupa pas de rechercher quel serait le genre de costume le mieux en harmonie avec le sport nouveau; on monta en vélocipède avec un costume de ville, sans en chercher plus long.

Peu à peu la variété s'introduisit dans le costume

vélocipédique et finit même par aboutir aux innovations les plus bizarres.

Les pantalons longs firent place aux molletières emprisonnant les jambes dans leur enveloppe boutonnée, les bottes à l'écuyère s'exhibèrent vernies et triomphantes, les culottes devinrent collantes comme celles d'un écuyer de cirque. Les vestes prirent des formes de haute fantaisie et se couvrirent d'ornements de toute sorte ; les brandebourgs rayèrent les poitrines de leurs nombreuses torsades; les soutaches et les galons envahirent le dos et montèrent à l'assaut des manches; le tout était agrémenté d'une profusion de boutons brillants ou d'étoiles scintillantes, voire même de glands ou d'aiguillettes donnant aux vélocipédistes du temps un faux air de musiciens tziganes.

Les chemises de flanelle claire et même de soie à couleur tendre furent très en honneur, laissant échapper leurs plis des vestes entr'ouvertes, et les cravates multicolores balancèrent au gré du vent leurs pointes capricieuses.

Les coiffures suivirent le même courant et les têtes des vélocipédistes se couvrirent des formes les plus variées : casquettes, toques, casques de toutes nuances et de tous modèles se disputèrent la vogue; le chapeau napolitain fendu avec plume flottante eut son heure de succès.

C'était l'époque carnavalesque.

Plus tard, on commença à s'apercevoir qu'on faisait fausse route et que ces vêtements de mardi gras étaient aussi ridicules que peu pratiques. Des hommes sérieux, ennemis du clinquant et de la pose, honteux de voir les vélocipédistes regardés par le public comme des bêtes curieuses, s'ingénièrent à trouver un costume discret et pratique, à la portée de tous les âges et de toutes les conditions, qui eût des chances d'être adopté par tous les cyclistes et accepté par le public comme chose normale et raisonnable.

Alors la toilette du vélocipédiste se modifia et se simplifia progressivement. Les bottes à l'écuyère disparurent comme trop lourdes, trop chaudes et gênantes pour les mouvements. Les brandebourgs, les soutaches, les galons, les plumes furent abandonnés comme inutiles et grotesques. On n'en fit plus qu'un usage exceptionnel et discret. Les boutons brillants, les étoiles et autres ornements furent réduits à une proportion plus raisonnable. Les coiffures se confinèrent peu à peu dans les formes pratiques et sportives. On commença à porter la culotte courte et le bas de laine, ce qui fut la grande révolution dans le costume vélocipédique.

D'autre part, les chemises claires et les cravates de couleur tendre furent abandonnées, avec tout ce qui était trop voyant.

A mesure que les machines se simplifiaient comme ligne et comme ornements, le *costume* suivait une marche parallèle, et l'on finit par reconnaître que la simplicité dans les formes et la discrétion dans les couleurs constituaient le meilleur ensemble au triple point de vue de la distinction, de l'économie et de l'usage pratique.

Aujourd'hui, toutes les fantaisies ci-dessus énumérées ont à peu près disparu ou se rencontrent seulement dans les pays retirés qui ne sont pas encore entrés dans le mouvement universel et parmi quelques attardés qui éprouvent le besoin invincible de se singulariser.

Les vélocipédistes ont fini par adopter un genre de costume à peu près général, qui ne varie guère que dans ses détails et qui, après de nombreuses expériences, se résume dans les formes suivantes, généralement reconnues comme les meilleures et les plus pratiques.

LA COIFFURE

En temps ordinaire, la meilleure coiffure est la *casquette* munie d'une visière un peu longue pour protéger les yeux contre le soleil ou la pluie. La forme droite et plate du dessus, dite *américaine*, est préférable à la forme ronde dite *jockey*, parce qu'elle laisse la tête plus libre, qu'elle est moins chaude en été et moins froide en hiver, à cause du coussinet d'air qu'elle contient.

Par un temps de soleil, un *couvre-nuque* sera utile pour protéger le cou contre les rayons trop ardents ; un mouchoir placé sous la casquette et flottant en arrière pourra en tenir lieu; c'est même le meilleur moyen d'absorber la transpiration du front et de la tête.

En été, un *chapeau de paille* léger est agréable, mais il a l'inconvénient d'être très difficile à maintenir pour peu que le vent soit un peu vif.

En hiver, la *toque* de fourrure ou de laine est très confortable, surtout lorsqu'elle est munie d'un rebord pouvant se rabattre et protéger les oreilles.

Le *casque* à deux visières est peu employé, étant trop lourd et trop volumineux, sans protéger suffisamment la figure ni le cou.

Le *chapeau de feutre mou*, dont les bords peuvent se relever et se rabaisser à volonté, est au contraire assez pratique. Tout vélocipédiste sérieux devra éviter de sortir en ville avec la toque de course ou une coiffure multicolore analogue. Il faut conserver ce genre de couvre-chef pour la piste, sous peine de s'exposer à un ridicule inévitable.

LE VESTON

Le *veston* doit être de forme droite, fermé sur le devant par une seule rangée de boutons ou d'agrafes.

Il sera arrêté au cou par un petit col droit, dit « col d'officier », à l'intérieur duquel est fixé par des agrafes ou des boutons un faux col qui dépasse légèrement le col du veston. Les manchettes peuvent être disposées de la même façon à l'intérieur des manches.

Plusieurs poches sont nécessaires :

Une à l'intérieur pour le portefeuille; une à l'extérieur, du côté opposé, pour le mouchoir de poche, qu'on a ainsi à portée de la main;

Une pochette pour la monnaie;

Une autre pochette pour la montre;

Deux poches latérales extérieures, comme dans les vêtements ordinaires de ville.

Le veston peut être cintré dans le dos, mais très légèrement; il ne doit pas être trop ajusté, ce qui le rend trop chaud en été et entrave la liberté des mouvements.

Le veston doit être de *longueur moyenne*. S'il est trop long, il gêne pour s'asseoir sur la selle; s'il est trop court, il est disgracieux. Quoi de plus ridicule qu'un veston descendant à peine au bas du dos et laissant voir en entier un fond de culotte tout plissé, taché par la sueur et sur lequel la selle a déteint? Le veston doit donc être assez long pour cacher juste le fond de l'assiette et se rapprocher ainsi de la forme moyenne d'un vêtement de ville.

Le veston d'hiver devra être doublé chaudement; celui d'été le sera plus légèrement et pourra l'être même seulement sur les coutures, spécialement dans le dos, selon la mode dite « à l'anglaise ». Dans les deux cas, le veston devra être muni sous les bras de disques en caoutchouc pour préserver l'étoffe des morsures de la sueur.

LA CULOTTE

La *culotte* aura par le haut la forme d'un pantalon ordinaire. Elle devra être *large de la taille* et en aucun cas ne serrer le corps, ce qui activerait la trans-

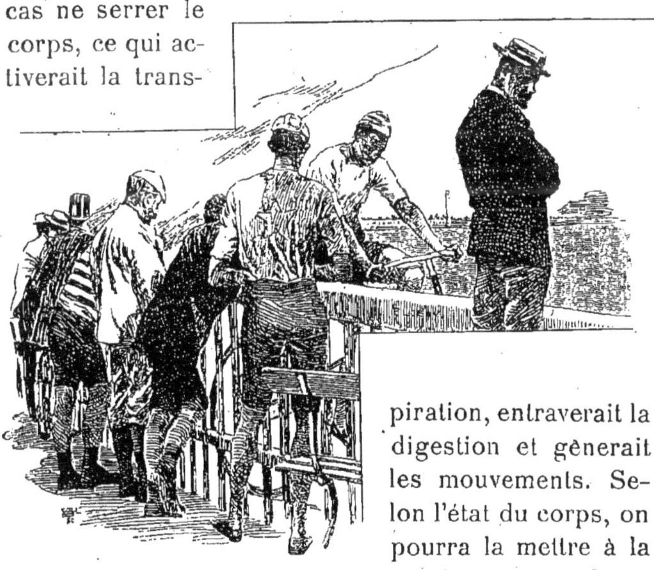

piration, entraverait la digestion et gênerait les mouvements. Selon l'état du corps, on pourra la mettre à la largeur voulue à l'aide d'une patte de serrage placée derrière.

La culotte devra venir *au-dessous* des genoux et sera arrêtée soit par un élastique calculé de façon à entourer la jambe *sans la serrer*, soit par une patte munie d'une boucle, ou encore par des boutons.

La culotte devra être assez longue pour laisser au genou sa liberté de mouvement complète, lorsque la jambe est repliée à son maximum; elle devra également être assez large pour ne serrer la jambe en aucun point. L'expérience a en effet démontré péremptoirement que la culotte collante est défectueuse sous plusieurs rapports, lorsqu'elle est faite d'une étoffe qui ne prête pas sous l'effort.

En un mot, la culotte du vélocipédiste devra être légèrement bouffante et rappeler, en moins large, le modèle bien connu de la culotte moderne de cheval.

Le fond de la culotte devra être *doublé*, de telle sorte qu'une fois usé ou taché il puisse être remplacé sans affecter la culotte même.

Deux poches, placées sur le côté, compléteront utilement cette partie du vêtement.

A la place de la culotte de drap, certains vélocipédistes adoptent, surtout en été, le maillot de laine.

Il est certain que le tissu à mailles tricotées dit *jersey*, qui moule la jambe sans la serrer et se prête docilement à tous ses mouvements, est très pratique.

Tandis que le drap intercepte l'air, il le laisse au contraire passer; il en résulte pour le vélocipédiste en marche une sensation de fraîcheur très agréable. Par suite de cette même condition, le mécanisme de la transpiration fonctionne aussi plus facilement. Tout cela explique la préférence d'un bon nombre de vélocipédistes pour le maillot.

L'ÉTOFFE

L'étoffe employée pour le vêtement du vélocipédiste devra être en *laine pure* et exempte de tout mélange de coton ou autre matière.

Le vêtement ainsi confectionné sera nécessairement un peu plus cher; mais le vélocipédiste ne regrettera pas ce léger surcroît de dépense, qui sera largement compensé par la suite, les vêtements de laine pure étant bien supérieurs aux autres comme teinte et comme durée.

Le trop bon marché est toujours une mauvaise spéculation quand il s'agit de vêtements destinés, comme ceux du vélocipédiste, à un usage qui exige beaucoup de résistance.

Le tissu *jersey*, qui pourra être avantageusement employé pour la culotte, à cause de sa grande souplesse, devra au contraire, et pour la même raison, être évité avec soin pour le veston qui, fait avec cette étoffe, se rétrécit rapidement au point de devenir ridiculement court.

LA COULEUR

Le vêtement du vélocipédiste doit être d'une teinte moyenne, ni trop claire, ni trop foncée.

Le noir, le bleu marine, le marron sont des couleurs très belles, mais surtout pour les vêtements de ville. En route, elles ont l'inconvénient d'être trop chaudes l'été et trop susceptibles par tous les temps, au point de vue de la poussière ou des taches d'huile et autres.

Il sera donc préférable de prendre une teinte neutre, dont la meilleure est assurément le *gris*. C'est en effet celle qui présente le plus d'avantages et supporte le mieux les inconvénients auxquels le vélocipédiste est exposé en route.

C'est la couleur sur laquelle les taches de toute nature paraissent le moins; d'autre part, la poussière y est à peine visible. Le vélocipédiste qui aura adopté cette couleur paraîtra donc en voyage beaucoup plus propre que ses compagnons vêtus de couleurs sombres.

Le gris, tout en étant chaud en hiver, est frais en été, ce qui est fort appréciable.

Dans les pays du Midi on devra adopter un gris plus clair que dans les pays du Nord, pour la double raison de la poussière qui est plus blanche et de la chaleur qui est plus intense.

Une étoffe finement quadrillée ou légèrement chinée aura sur une étoffe unie cet avantage que les taches y seront moins apparentes.

LES ORNEMENTS

Au point de vue pratique, le vêtement du vélocipédiste devra être exempt de toute espèce d'ornements, tels que brandebourgs, galons, soutaches, boutons brillants ou autres attributs tirant l'œil.

Le vélocipédiste qui veut voyager doit s'appliquer à avoir un vêtement qui, tout en étant spécialement établi pour son usage particulier, se rapproche du vêtement de ville ordinaire au point de se confondre avec lui. Le vélocipédiste doit en effet pouvoir, avec son vêtement de voyage, aller dans toutes les localités qu'il traverse visiter les monuments, les curiosités, les promenades, voire même les théâtres. Il doit être confondu dans la foule sans attirer l'attention. C'est ainsi seulement qu'il jouira complètement de l'indépendance que lui donne son mode spécial de locomotion.

Or, avec un vêtement couvert d'attributs ou d'ornements contrastant avec le costume de ville ordinaire, le vélocipédiste serait, surtout en province, le point de mire de tous les regards; on se détournerait sur lui comme sur une bête curieuse; il serait le sujet de toutes les conversations et l'objectif des rires d'une foule sevrée de nouveautés et avide du moindre incident de nature à couper la monotonie de l'existence provinciale.

Il faut laisser ces ornements clinquants aux individualités dont le but est de se faire remarquer le plus possible par le déploiement d'attributs, le débordement de décorations, le luxe d'ornements et l'explosion de tapage, mais avec lesquelles les vélocipédistes sérieux doivent se garder d'être confondus.

Tout au plus le cycliste pourra-t-il adopter quelques ornements discrets sur un vêtement destiné à des usages exceptionnels et sur place, mais non à des voyages. La simplicité est une des conditions essentielles de la distinction. Les ornements superflus n'auraient d'autre conséquence que de risquer de faire prendre le vélocipédiste pour un Tzigane en rupture d'orchestre.

VARIANTES

Certains vélocipédistes ne veulent pas porter le veston droit à col d'officier et préfèrent la forme ordinaire des vêtements de ville avec revers. Dans ce cas ils devront avoir en dessous une chemise de flanelle à col ou bien une chemise de flanelle ou un maillot auxquels ils pourront adapter un faux col. Ils devront alors porter une cravate plastron qui bouche l'ouverture du veston et ne laisse voir que le faux col.

On peut se servir aussi d'un *plastron avec col* en toile qui permet de mettre une petite cravate donnant l'illusion de la chemise.

Le vélocipédiste qui rendu à l'étape ne veut pas se promener en culotte courte peut emporter un pantalon ordinaire de rechange de la même étoffe que son veston.

Avec un chapeau de feutre mou, des gants, un veston et un pantalon semblable, cravaté et plastronné comme il est dit ci-dessus, le touriste se confond complètement avec le reste du public et peut aller partout sans déceler sa qualité de vélocipédiste.

LES BAS

On a mis longtemps à découvrir que les *bas* étaient à tous les points de vue le meilleur moyen pour le vélocipédiste de se couvrir les jambes. La chose est aujourd'hui péremptoirement démontrée et personne ne le conteste plus sérieusement.

Les bottes à l'écuyère et après elles les molletières elles-mêmes ont été mises de côté, dans l'usage courant. Elles sont trop lourdes et emprisonnent trop strictement la jambe. De plus elles sont trop chaudes, surtout en été.

Toutefois, les molletières peuvent encore trouver un emploi utile dans certains cas, en hiver particulièrement, pour mettre les bas à l'abri de la pluie ou pour tenir les jambes plus chaudes par une température rigoureuse.

En dehors de ces cas exceptionnels, les bas doivent reprendre leur place dans l'usage ordinaire.

Les bas couvrent les jambes sans les serrer; ils permettent à l'air de passer à travers leurs mailles et de donner à la peau une sensation de fraîcheur très agréable en été. Ils peuvent pendant une longue étape en rase campagne être abaissés au-dessus du genou, ce qui laisse l'articulation libre, diminue la fatigue et favorise singulièrement la vitesse.

Les bas doivent être toujours en *laine* et à *côtes*, d'épaisseur différente selon les saisons. Toutefois, il vaudra toujours mieux avoir des bas trop épais que trop minces, en vue du refroidissement possible des jambes.

Si les *bas* doivent être fortement conseillés aux vélocipédistes, par contre les *chaussettes* doivent être strictement évitées par eux.

Il faut en laisser l'usage aux coureurs et aux enfants; mais il n'y a rien de plus ridicule qu'un grand garçon, et surtout un homme, faisant en ville des effets de mollets, du reste manqués la plupart du temps.

LES CHAUSSURES

L'usage des *bottes* est depuis longtemps condamné et aucun vélocipédiste digne de ce nom ne s'en sert plus.

Il ne reste donc plus que les *bottines* et les *souliers* à propos desquels la question de supériorité est encore texte de nombreuses discussions.

Chacun de ces modèles de chaussure a en effet ses partisans déclarés.

Pourtant, tout compte fait, il semble établi d'une façon générale que le soulier est préférable à la bottine.

Le *soulier* est moins coûteux et moins lourd; il est

moins chaud en été; il comprime moins le pied et a surtout l'immense avantage de laisser jouer librement l'articulation de la cheville. Il est bien plus vite mis ou enlevé et, lorsqu'il est mouillé, sèche beaucoup plus rapidement que la bottine.

Le *soulier* doit être en cuir simple, afin de ne pas serrer ni gêner le pied; il doit être *lacé* et ouvert très longuement, afin de pouvoir à volonté soulager le pied dans toute sa longueur lorsqu'il est gonflé par la chaleur ou endolori par une longue étape. Il doit avoir une semelle assez forte pour empêcher de sentir les dents des pédales et pour laisser marcher aisément à pied. On évitera l'usage du cuir verni qui est très chaud et sans souplesse, conditions très défectueuses.

La *bottine*, pour celui qui la préfère, doit être établie selon les mêmes données que le soulier. Elle doit être *lacée* et n'être en aucun cas munie d'élastiques ou de boutons, qui sont ordinairement peu solides, ne se prêtent pas bien aux mouvements du pied et ne permettent pas de desserrer la bottine lorsque le besoin s'en fait sentir.

LES DESSOUS

Par *dessous* il faut entendre les vêtements de corps destinés à être portés sous les vêtements extérieurs.

Tout d'abord il est certain que le *linge* proprement dit doit être banni de son costume par le vélocipédiste. Celui-ci devra donc éviter de porter la chemise de toile ou autre tissu végétal qui isole le corps de l'air extérieur, excite la transpiration, se mouille de sueur et risque en se collant sur le corps de causer des refroidissements très dangereux pour la santé.

Le vélocipédiste devra donc porter exclusivement des *chemises de flanelle* ou des *maillots de laine.*

Il a le choix entre ces deux vêtements, qui se partagent la faveur des cyclistes et ont chacun leurs partisans fidèles.

Il semble pourtant que le maillot de laine soit préférable à la chemise de flanelle. Grâce à ses mailles élastiques, il laisse pénétrer l'air jusqu'à la peau et facilite ainsi le jeu de la transpiration. Il adhère au corps sans le comprimer; il ne flotte pas, sensation souvent désagréable que donne la chemise de flanelle; il est plus frais en été et plus chaud en hiver; il est moins volumineux, et exempt du petit ennui des boutons et des boutonnières. Aussi pour toutes ces raisons son usage s'est-il généralisé et le voit-on adopté aujourd'hui par la grande majorité des vélocipédistes.

Sa seule infériorité sur la chemise de flanelle est de ne couvrir que le haut du corps. On peut y remédier en ayant comme complément un *caleçon de bain* en maillot de laine mince ou en flanelle, d'un usage très pratique et très apprécié par ceux qui l'ont employé.

Un *plastron* double en flanelle sera également très utile dans bien des cas pour protéger d'une façon supplémentaire la poitrine et le dos.

Par les très grands froids on pourra en outre mettre un second maillot, un caleçon qui sera recouvert par la culotte et les bas, et enfin une paire de chaussettes par-dessus les bas.

LES DESSUS

Les *dessus* seront les vêtements supplémentaires à mettre sur les autres dans les cas exceptionnels, tels que la pluie ou le froid.

Le premier de tous est le vêtement destiné à protéger le haut du corps.

Il peut être de deux formes : *paletot* à manches ou *pèlerine* en étoffe imperméable.

Le *paletot* a l'avantage de mieux couvrir le corps, de présenter moins de surface et par conséquent moins de résistance au vent et de ne pas s'enlever par suite d'une bourrasque subite. Il a l'inconvénient d'être plus lourd, plus volumineux et plus difficile à empaqueter. De plus, en emprisonnant complètement le corps, il occasionne une chaleur intolérable par les temps pluvieux mais doux, et provoque une transpiration abondante.

La *pèlerine* est plus légère, moins chaude et plus maniable à tous égards; mais elle est très gênante lorsqu'il fait du vent, car elle s'enlève lorsque le vent s'engouffre par-dessous ou bien elle fait voile et cause une résistance énorme. On peut toutefois, à l'aide de deux boucles placées à l'intérieur à distance convenable et dans lesquelles on passe les pouces, maintenir la pèlerine sur le guidon et l'empêcher de s'enlever. La pèlerine doit être assez longue pour passer par-dessus le guidon et descendre en avant d'une vingtaine de centimètres; formant ainsi parapluie, elle protégera les jambes, qui seront à l'abri de la pluie. Disons pourtant que cet office pourra être rempli seulement pour le bicyclettiste ou le tricycliste à cause de la position du guidon par rapport au corps, mais non pour le bicycliste dont les jambes seront toujours exposées à la pluie.

Dans le but de remédier à cet inconvénient, on a établi des *bicycle-leggins*, sorte de houseaux en caoutchouc allant soit jusqu'au-dessous du genou, soit même jusqu'à la cheville, et qu'on peut passer rapidement par-dessus la culotte. Ce vêtement a l'inconvénient d'être trop volumineux et d'occasionner une chaleur intolérable. Comme la partie antérieure du corps et des jambes est seule exposée à la pluie, il suffit de protéger cette partie. On pourra pour cela se servir d'un tablier en tissu imperméable attaché à la ceinture et qui, fendu pour laisser aux jambes leur liberté de mouvements, se prolongera sur les cuisses auxquelles il sera fixé en dessous par un cordon ou une patte et se terminera au-dessous du genou où il s'attachera de la même manière. Cela suffit, car le bas des jambes, à cause de leur position même, est bien moins exposé à la pluie.

Un *capuchon* mobile ou fixe servira à protéger la coiffure et la tête. Il sera bon de pouvoir le serrer à l'aide d'une coulisse ou d'un bouton, afin de l'empêcher de s'enlever par suite d'un coup de vent.

Un *pardessus* sera nécessaire dans bien des circonstances. Il devra être d'épaisseur moyenne pour pouvoir servir en toutes saisons, et de longueur modérée, afin de ne pas gêner les mouvements sur la machine.

Tous ces vêtements secondaires devront être de préférence de *couleur grise* comme la plus résistante à la pluie et à la poussière.

ACCESSOIRES

Des *gants* seront fort utiles aux vélocipédistes, à différents égards.

D'abord ils contribuent à amortir les trépidations du guidon; ensuite ils protègent contre la pluie et maintiennent les mains propres, en les mettant à l'abri de la poussière; enfin ils complètent heureusement la toilette.

Il faut ajouter qu'en cas de chute ils garantissent efficacement les mains contre les écorchures. Nombre de vélocipédistes se fussent épargné des blessures douloureuses et longues à guérir s'ils eussent eu des gants au moment d'un accident.

En été, les gants devront être de préférence en fil et doublés de peau sur la face intérieure de la main. Ils seront ainsi frais et résistants.

En hiver, ils devront être en laine et doublés également de peau de la même manière, ou bien entièrement en peau et fourrés à l'intérieur. On pourra encore porter des gants de peau ordinaires et par-dessus des gants de laine tricotés.

Un *foulard* sera absolument nécessaire; il devra être chaud et assez long pour pouvoir entourer au moins deux fois le cou en cas de grand froid ou dans les haltes. Il pourra être en soie ou en laine. On fera bien d'y adjoindre un second petit foulard de poche, en soie, pour les cas ordinaires.

Le *faux col*, les *manchettes* et le *plastron à col* pourront être en toile ou en tissu de celluloïd, connu sous le nom de *linge américain*. Celui-ci est très pratique parce qu'il est inattaquable à la sueur, se salit beaucoup moins et se lave beaucoup plus facilement que le linge ordinaire, mais il est moins élégant. Le vélocipédiste fera donc bien de se servir de préférence, sur route, de linge américain et de le remplacer par du linge ordinaire lorsqu'il s'arrêtera pour quelque temps dans une ville qu'il voudra visiter en détail, en allant dans les endroits fréquentés du public.

En résumé, grâce à l'observation des indications ci-dessus, le vélocipédiste aura un vêtement pratique et sportif, également convenable dans tous les cas et pour tous les usages, avec lequel il pourra circuler partout sans attirer l'attention, en conservant ses aises et son indépendance, ce qui doit être le but du véritable touriste qui voyage pour voir et non pour être vu.

CHAPITRE XII

LA VÉLOCIPÉDIE EN VILLE

La pratique du vélocipède en ville est loin d'être amusante, surtout à Paris, où la circulation est excessive ; cette pratique est même assez dangereuse pour le novice, auquel on ne saurait trop la déconseiller, tant dans son intérêt personnel que dans celui de la vélocipédie en général.

L'usage du vélocipède dans une ville, et spécialement à Paris, exige une profonde connaissance de la machine et une dose de sang-froid et de coup d'œil qu'on n'acquiert qu'à la suite d'une longue pratique.

La marche en ville est en effet bien différente de la marche en rase campagne. Il ne faut pas songer à *aller vite*, dans le sens absolu du mot, car à chaque instant peuvent se dresser des obstacles inattendus :

un piéton descendant un trottoir brusquement et traversant la chaussée au moment le plus imprévu; une femme, un enfant se mettant à courir et se jetant au-devant du vélocipédiste; un chien débouchant de derrière une voiture et se précipitant à travers les roues, etc.

Les angles des rues sont particulièrement dangereux, et il est de la plus élémentaire prudence de ralentir avant d'y arriver, pour ne pas s'exposer à être pris en écharpe par une voiture venant à angle droit et qu'on n'a pas entendue ni aperçue à temps.

Le vélocipédiste devra, surtout en bicycle et en bicyclette, éviter, en marchant derrière une voiture, de s'en approcher de trop près. Une voiture marchant bien peut être d'un grand secours à un vélocipédiste dans certains cas : par exemple, en montant l'avenue des Champs-Élysées avec vent debout, elle lui facilite ainsi beaucoup la marche en lui coupant le vent; mais il peut en résulter un danger pour le vélocipédiste qui engagerait sa roue entre les roues d'arrière de la voiture, car un arrêt subit ou un virage brusque et inattendu de celle-ci pourraient occasionner une collision périlleuse.

Il faudra aussi ne pas serrer de trop près les voitures arrêtées ou marchant au pas, et les surveiller attentivement; car il arrive souvent que les cochers, et spécialement les cochers de fiacre, tournent brusquement sans regarder d'abord derrière eux s'il ne vient personne. Le vélocipédiste irait en ce cas se jeter sur le cheval, d'autant plus facilement qu'on ne l'entend pas venir.

Le vélocipédiste devra donc veiller à garder scrupuleusement sa droite, en marche normale, à ne croiser les voitures qu'à droite et à ne les dépasser qu'à gauche, à bien suivre la voie aux endroits indiqués, lorsque la marche des véhicules est réglementée, comme par exemple sur les grands boulevards où des refuges ont été installés pour canaliser la circulation : tout cela afin d'être dans son bon droit en cas d'accident.

Il devra être constamment maître de l'allure de sa machine et ne jamais se laisser emporter par la vitesse dans un moment où la voie serait exceptionnellement dégagée; il doit, en effet, être prêt à ralentir et même à descendre à chaque instant devant un obstacle se dressant subitement. Il est très nécessaire pour cela d'avoir un bon frein qui peut être appelé à rendre de grands services et donne au vélocipédiste la sécurité et la confiance dont il a besoin pour se tirer d'affaire dans tous les cas difficiles.

Le vélocipédiste pourra laisser tinter son grelot constamment, si le bruit ne l'agace pas trop; sinon, il n'en fera usage que dans les voies très fréquentées. Il devra, s'il a une trompe, en faire un usage modéré et seulement pour faire ranger les voitures ou avertir les personnes qui sont à une certaine distance; il n'attendra jamais d'être tout près d'elles pour en faire usage, ce qui est peu convenable et peut effrayer le passant au lieu de l'avertir, et ce qui peut même entraîner la chute du vélocipédiste.

Celui-ci devra du reste compter beaucoup plus sur son adresse et son coup d'œil que sur son frein ou son avertisseur.

Le vélocipédiste devra s'abstenir d'apostropher les passants qui ne se rangeraient pas assez bien ni assez vite et, s'il est lui-même invectivé par quelque grossier personnage, il devra n'en pas tenir compte et se garder de répondre.

Ce n'est que si l'on touche à sa machine ou à lui-même qu'il pourra intervenir pour se faire respecter.

Le vélocipédiste sérieux devra toujours avoir en ville une tenue correcte, soit qu'il ait un costume spécial, soit qu'il porte un vêtement ordinaire.

Il évitera aussi avec soin de faire en ville des exercices de voltige et d'adresse qui n'auraient d'autre résultat que de le faire prendre pour un novice ridicule, s'il est maladroit, et dans le cas contraire pour un acrobate de profession.

Si l'on suit avec soin toutes ces règles, on servira efficacement la cause générale de la vélocipédie en rendant ce sport sympathique au public et en habituant celui-ci à considérer le vélocipède comme un instrument de locomotion aussi naturel qu'une voiture et le vélocipédiste comme un sportsman de tout point égal à un cavalier.

Une des grandes difficultés de la vélocipédie en ville est la question de remisage.

Le vélocipédiste qui, par suite de ses occupations, est exposé à aller en ville souvent et dans des endroits différents est maintes fois embarrassé pour abandonner sa machine pendant qu'il traite ses affaires ou fait ses visites. Cet inconvénient est surtout sensible à Paris. Le vélocipédiste fera bien alors d'étudier, dans chaque quartier où il a l'habitude d'aller, les maisons qu'il fréquente ordinairement et où il peut laisser sa machine en garde dans une cour, dans un corridor ou dans une remise. Avec quelques petites pièces de monnaie données à propos aux concierges de ces maisons, il arrivera ainsi à se ménager des remisages tout trouvés et de là ira à pied rayonner tout autour pour ses courses prochaines; puis, il reviendra chercher sa machine pour aller dans un autre quartier où il agira de même.

En résumé, la vélocipédie en ville ne doit se pratiquer que par exception; elle doit être simplement un moyen de gagner du temps et d'économiser des frais de véhicules; à cet égard elle rendra de grands services à ceux qui sont obligés à de nombreuses courses et qui, ne pouvant les faire toutes à pied à cause de la distance et de la fatigue, seraient réduits à se servir souvent d'omnibus ou de voitures qui finissent au bout de l'année par représenter une notable dépense d'argent et de temps. Le vélocipède se trouvera donc ainsi rapidement remboursé par l'économie qu'il procurera, sans compter qu'il est beaucoup plus agréable et hygiénique de faire ses courses en bicyclette qu'enfermé dans un véhicule quelconque.

Le vélocipède est devenu pour un nombre assez grand de personnes un véritable instrument de décentralisation.

En effet, grâce à sa vitesse et à la facilité de s'en servir à tout moment, nombre de gens, obligés jusque-là de demeurer près de leur lieu d'occupation ordinaire, ont pu aller demeurer assez loin et profiter ainsi de tous les avantages de la banlieue, voire même de la campagne, tels que diminutions de loyer, augmentation de confortable et d'espace, air plus pur, tranquillité plus grande, éléments très importants, surtout en famille.

C'est ainsi que nombre d'employés, de commerçants ou des personnes exerçant des professions diverses peuvent venir à leur bureau ou à leurs affaires, nombre de jeunes gens à leur collège, et s'en retourner le soir chez eux, grâce à leur léger et rapide vélocipède. En effet, à part certains jours d'hiver où le temps est particulièrement mauvais et le sol impraticable, et par lesquels on se servira des véhicules ordinaires, on peut dans la plupart des cas faire usage de la bicyclette; c'est à cet égard que la vélocipédie en ville est appelée à rendre de signalés services.

Par contre, le vélocipédiste devra s'abstenir de se servir de sa machine en ville comme instrument de sport ou de promenade; il trouvera à cet égard une application bien mieux appropriée en dehors des villes où les larges espaces lui permettent de se livrer à ses ébats en toute liberté.

LA CIRCULATION VÉLOCIPÉDIQUE

La circulation des vélocipèdes dans Paris est réglementée par plusieurs ordonnances de police dont voici les prescriptions principales.

Ordonnance du 9 novembre 1874.

Art. 1. — A l'avenir, les vélocipèdes circulant pendant le jour sur la voie publique devront être pourvus de grelots suffisamment sonores pour annoncer d'assez loin leur approche.

Ils seront éclairés, dès la chute du jour, au moyen d'un falot ou d'une lanterne, à l'instar des voitures.

Art. 2. — Les vélocipèdes devront être, en outre, munis d'une plaque indiquant le nom et le domicile du propriétaire, ainsi que d'un numéro d'ordre si le propriétaire est loueur de vélocipèdes.

Art. 3. — Les vélocipèdes circulant sur la voie publique, qui ne se seront pas conformés aux prescriptions des articles 1 et 2 ci-dessus, seront saisis et envoyés à la fourrière. Les personnes qui en feront usage seront en outre poursuivies devant le tribunal compétent.

Art. 4. — Il est défendu de circuler sur des vélocipèdes dans les voies publiques dont la nomenclature est indiquée à la suite de la présente ordonnance. Les personnes faisant usage de vélocipèdes devront s'abstenir de passer et de s'exercer sur les points qui pourront leur être interdits, suivant les nécessités de la circulation, par les agents chargés d'assurer la liberté et la sûreté de la voie publique.

Les mêmes personnes devront modérer la rapidité de leur course dans les voies fréquentées, pour éviter les accidents.

Art. 5. — Il est défendu de faire passer les vélocipèdes sur les trottoirs ainsi que sur les contre-allées des boulevards, et généralement sur toutes les parties des voies et promenades publiques exclusivement réservées aux piétons.

Art. 6. — En cas de résistance aux injonctions des agents, les contrevenants seront arrêtés et conduits immédiatement devant le commissaire de police du quartier ,qui prendra toutes les mesures nécessaires.

Art. 7. — Les contraventions à la présente ordonnance seront constatées par des procès-verbaux ou rapports qui seront déférés aux tribunaux compétents.

Voies de Paris interdites aux vélocipèdes.

Boulevard de la Madeleine; rues de Rivoli, Saint-Honoré, Neuve-des-Petits-Champs (de la rue Vivienne au boulevard), de Richelieu, Croix-des-Petits-Champs, Montmartre, du Pont-Neuf, Saint-Denis; enfin les rues comprises dans le périmètre des Halles avant dix heures du matin en été et onze heures en hiver; rues Vivienne, de la Paix, Saint-Martin, du Temple, Vieille-du-Temple, Saint-Antoine, Dauphine, de Buci, du Bac, Royale, du Havre, rond-point de la rue de l'Abbé-de-l'Épée prolongée en face de la grille de sortie du jardin du Luxembourg; avenues des Champs-Élysées, de Marigny, d'Antin, Montaigne, de la Grande-Armée (chaussée latérale, côté gauche en descendant), du Bois-de-Boulogne; places de l'Étoile, de la Concorde, de la Madeleine, du Havre; carrefour de l'avenue de l'Observatoire et du boulevard Saint-Michel.

Par décision du 19 juin 1879, la circulation sur la place du Trône a été également interdite.

Ordonnance du 5 mars 1885.

Par décision du Préfet de Police au sujet de la circulation des tricycles, l'interdiction de circuler dans les voies nomenclaturées ci-dessus a été levée en faveur des tricycles. En conséquence, la circulation des tricycles est complètement libre dans Paris.

Bois de Boulogne.

Les vélocipèdes (bicycles et tricycles) auront une sonnette ou une trompe et ne pourront circuler que sur les chaussées destinées aux voitures, à l'exception cependant de l'allée de Longchamp (reliant la porte Maillot à la grande Cascade), de la route de la porte Dauphine à la porte des Sablons, du pourtour des lacs et de l'allée réunissant le grand lac à l'avenue du Bois-de-Boulogne qui sont interdits en tout temps aux vélocemen.

Les jours de courses et de revue à Longchamp, toute circulation est interdite de onze heures du matin à sept heures du soir.

Modifications à l'ordonnance ci-dessus.

1° L'interdiction d'entrer dans le Bois de Boulogne après onze heures du matin les dimanches et les jeudis, les jours de courses, est levée en ce qui concerne les tricycles.

2°. Les tricycles sont autorisés également à faire en tout temps le tour des lacs, sauf toutefois l'après-midi des dimanches de courses à Auteuil.

3° L'interdiction en tout temps de l'allée de Longchamp et de la route de la porte Dauphine à la porte des Sablons (partie comprise entre la porte Dauphine et l'avenue de Longchamp), pendant l'après-midi, est maintenue pour les tricycles aussi bien que pour les bicycles.

Bois de Vincennes.

Le grelot est obligatoire pour les véloces, auxquels sont interdits le pourtour du lac et l'allée reliant le lac à l'avenue Daumesnil, de même que toute circulation les jours de courses.

Parcs Monceaux, des Buttes-Chaumont et de Montsouris.

Les vélocipèdes auront une sonnette ou une trompe et ne pourront circuler que sur les voies carrossables.

La traversée du parc Monceaux est défendue aux bicycles, mais permise aux tricycles.

Ordonnance de 1890.

A la suite de la démarche faite près du Préfet de Police par une délégation de vélocipédistes parisiens formée dans le but d'obtenir une plus grande liberté de circulation pour les bicycles et bicyclettes dans Paris, les ordonnances ci-dessus, tout en étant maintenues en droit, ont été considérablement adoucies en fait.

En effet, par suite d'une nouvelle ordonnance, la levée de l'interdiction des rues citées plus haut est accordée à tous les vélocipédistes munis d'une carte de circulation délivrée par la Préfecture de Police.

Il suffit pour l'obtenir d'adresser au Préfet de Police, sur une feuille de *papier timbré de o fr. 6o*, une demande ainsi conçue :

« Monsieur le Préfet,

« J'ai l'honneur de solliciter la délivrance d'une carte de circulation en bicycle ou bicyclette me permettant d'aller à mes occupations dans les voies interdites jusqu'ici à ces machines par les ordonnances de police.

« J'ai l'honneur, etc. »

Dire si l'on fait partie d'une société vélocipédique et écrire au coin gauche en haut de la feuille le mot : Vélocipède.

Le vélocipédiste appelé dans Paris par ses occupations devra avoir toujours sur lui sa carte de circulation, afin de pouvoir l'exhiber à toute réquisition qui pourrait lui être faite par les agents.

Il se trouvera ainsi aussi libre de ses mouvements qu'un tricycliste.

JURISPRUDENCE

Il n'y a pas de jurisprudence spéciale en matière de vélocipèdes. Il faut donc s'en rapporter aux règlements de police généraux ou aux articles du Code pénal destinés à protéger la sécurité des personnes ou à punir les agressions.

Relativement aux *chiens*, dans le cas où un vélocipédiste serait poursuivi ou menacé par un chien excité par son propriétaire, il pourra invoquer contre ce dernier l'article 475 du Code pénal, n° 7, section 2 du chapitre II des contraventions de police, ainsi conçu : « Ceux qui ont excité ou n'auront pas retenu leurs chiens, lorsqu'ils attaquent ou poursuivent les passants, quand même il ne serait résulté ni mal ni dommage, seront punis d'une amende de 6 à 10 francs inclusivement. »

Relativement aux *personnes*, il a été décidé par plusieurs jugements que les vélocipédistes ont les mêmes droits à la protection de la justice que les piétons, et qu'en cas de blessure personnelle ou d'avarie à leur machine, provenant du fait de la malveillance, ils ont le droit de réclamer et d'obtenir des dommages-intérêts contre l'auteur de l'agression ou contre ses parents, si c'est un enfant, sans préjudice des peines correctionnelles pouvant résulter du délit.

Relativement aux *conducteurs de voitures* et pour établir leurs droits et devoirs réciproques envers les vélocemen, nous rappelons ici quelques articles de la loi de 1851 sur la police du roulage et du règlement d'administration publique de 1852.

Art. 9 (du titre I). — Tout roulier ou conducteur de voiture doit se ranger à sa droite à l'approche de toute autre voiture, de manière à lui laisser libre la moitié de la chaussée.

Art. 14 (du titre III). — Tout voiturier ou conducteur doit se tenir constamment à portée de ses chevaux ou bêtes de trait et en position de les guider.

Art. 15 (du même titre). — Aucune voiture marchant isolément ou en tête d'un convoi ne pourra circuler, pendant la nuit, sans être pourvue d'un falot ou d'une lanterne allumée.

Les vélocipédistes qui observeront avec soin les prescriptions en matière de circulation vélocipédique et qui seront en règle avec les ordonnances de police se trouveront donc très forts pour faire respecter leurs droits contre ceux qui y porteraient atteinte. Les tribunaux leur ont déjà maintes fois donné gain de cause. On ne saurait engager trop vivement les intéressés à prêter la plus grande attention à cette question, d'où dépend leur sécurité.

CHAPITRE XIII

LE TOURISME

Le *tourisme* est la plus récente incarnation du sport vélocipédique.

Il n'y a qu'à regarder les machines grossières qui ont marqué la première période de la vélocipédie et les aventureux bicycles qui ont exclusivement régné pendant la seconde période pour comprendre que ces machines ne pouvaient être employées qu'à un service limité, ou montées par une catégorie spéciale de vélocipédistes.

Il est certain qu'elles n'avaient aucune chance de se

généraliser ni de devenir pour la masse du public un instrument de locomotion agréable et pratique et pouvant servir à des excursions ou à des voyages.

Il fallait en effet être ou très audacieux ou très habile pour oser se lancer à travers des pays accidentés sur les engins de cette époque; c'est pourquoi le vélocipède resta d'abord exclusivement un instrument de course.

Bientôt on s'aperçut que le vélocipède pourrait devenir une machine fort agréable pour la promenade à la condition de lui faire subir des modifications profondes; on se donna pour programme de la rendre plus maniable, plus commode et surtout moins dangereuse.

Une fois l'indication donnée, les fabricants entrèrent rapidement dans cet ordre d'idées.

Et peu à peu le perfectionnement ou, pour mieux dire, la transformation des machines eut pour conséquence un mouvement marqué dans le sens du tourisme.

Le tricycle fut la première machine qui coopéra efficacement à cette révolution dans les habitudes vélocipédiques. Il était en effet à la portée de tous les âges et de toutes les aptitudes, et pendant quelques années sa faveur fut telle qu'il fit une concurrence victorieuse au bicycle : celui-ci resta la spécialité des jeunes gens ou des vétérans de la vélocipédie, tandis que les nouveaux venus et spécialement les hommes d'un certain âge s'adonnèrent au tricycle.

Bientôt, les progrès de l'industrie se succédant avec rapidité, le tricycle fut à son tour battu en brèche par une machine nouvelle, la bicyclette, qui règne maintenant en souveraine incontestée et qui a supplanté presque entièrement tous les autres modèles.

Grâce à elle, le tourisme vélocipédique est devenu vraiment pratique et agréable; aussi cette branche du sport, naguère peu remarquée, s'est-elle développée d'une façon extraordinaire.

Les courses, qui occupaient autrefois exclusivement l'esprit des vélocipédistes, virent s'élever près d'elles une rivale qui prend une extension sans cesse croissante et qui constitue déjà la préoccupation de la grande majorité des vélocipédistes.

Ce mouvement ne peut guère que s'accentuer. Selon toute apparence, les courses et spécialement les courses de vitesse resteront toujours le domaine des jeunes gens ou des « professionnels » qui gardent l'habitude de l'entraînement; le tourisme, au contraire, doit forcément appeler à lui dès le début les hommes qui commencent à monter en vélocipède à un âge relativement mûr, avec les jeunes gens que leurs goûts ou leurs aptitudes ne poussent pas vers la course.

Or les cyclistes de ces deux catégories forment l'immense majorité et cette proportion ne fera qu'augmenter avec le temps ; car le vélocipède, qui a commencé par être exclusivement un instrument de course, tend à devenir de plus en plus un mode de locomotion ayant pour but principal le plaisir ou l'utilité.

Cette évolution est très sensible, surtout depuis quelques années, et, dans chaque ville où il y a une société qui s'occupe de courses, on est presque certain de voir se fonder une autre société s'adonnant exclusivement au tourisme.

Souvent même ce résultat provient de la scission de la première société, où les deux éléments, course et tourisme, finissant par se balancer, ne peuvent plus se mettre d'accord sur l'orientation générale de la société, et arrivent à se disjoindre pour aller chacun de leur côté et s'adonner séparément à leurs préférences.

D'autre part, le tourisme recrute des adhérents tout naturellement indiqués parmi les anciens coureurs qui n'ont plus le temps de s'entraîner ou à qui l'âge a enlevé la force et la souplesse nécessaires pour la lutte, mais qui, conservant cependant les restes de leur ancienne valeur, deviennent, en transformant leur manière, des routiers de premier ordre.

Enfin, le tourisme est représenté par l'immense masse des vélocipédistes indépendants qui font du vélocipède par simple plaisir personnel et indépendamment de toute pensée de groupement ou de propagande.

Ceux-là, il est vrai, sont les égoïstes du sport, auquel ils demandent leur jouissance personnelle sans chercher à combattre pour la cause même de la vélocipédie; mais ils sont et seront toujours le nombre.

Pourtant, ils sont également très utiles à leur manière; car, plus ils seront nombreux, plus la vélocipédie en profitera indirectement par le seul fait de l'exemple.

En résumé, la vélocipédie se transforme peu à peu dans son aspect et dans son but, aussi bien que dans les milieux sociaux où elle exerce son influence.

Ayant commencé par la jeunesse et par les courses, elle continue son œuvre par l'âge mûr et le tourisme.

C'est là, en définitive, qu'est son véritable avenir et sa raison d'être principale aux yeux de la majorité de ses nouveaux adhérents.

Rien n'est plus charmant, en effet, que le tourisme

vélocipédique pratiqué sur de bonnes machines et par une température favorable, en des pays pourvus de bonnes routes et agrémentés de beaux paysages.

Avec le vélocipède, on se sent son maître; on est affranchi des mille petits ennuis inhérents aux voyages accomplis par tous les autres modes de locomotion.

On ne dépend pas de l'heure d'un train ni des caprices ou des défaillances d'un cheval; on n'est pas exposé à subir le voisinage de compagnons de voyage gênants ou désagréables: on part et l'on s'arrête quand on veut; on marche au train qu'on juge à propos d'adopter, selon les motifs de hâte ou de ralentissement qui se présentent sur la route; on possède, en un mot, l'indépendance absolue.

D'autre part, on respire un air pur tout en pratiquant un exercice salutaire, au lieu d'être enfermé et secoué dans des véhicules étroits et méphitiques; on voyage au prix le plus réduit, puisqu'on n'a ni à payer le moteur, ni à dépenser de frais de transport. Enfin quelle autre manière de voyager pourrait permettre de faire aussi intimement connaissance avec les pays nouveaux et d'en visiter aussi aisément tous les recoins?

Il y a deux sortes de tourismes : le *petit* et le *grand*, si l'on peut les appeler ainsi d'après la différence de leurs méthodes.

Le *petit tourisme* est pratiqué spécialement par les sociétés vélocipédiques, qui organisent chaque jour de vacances des sorties en groupe ayant un double but d'utilité et de plaisir, et grâce auxquelles les participants finissent par connaître à fond les environs de leur ville dans un rayon qu'ils s'efforcent d'élargir de plus en plus.

Le même genre de tourisme est également pratiqué par nombre de vélocipédistes indépendants qui, soit isolément, soit entre quelques amis choisis, profitent des fêtes et des dimanches pour fuir la cohue des villes et aller se reposer à la campagne de la vie surchauffée de la semaine.

Ce tourisme, naturellement appelé à être celui qui aura le plus d'adhérents, est à l'usage de ceux à qui leurs occupations ou leurs obligations de famille et autres ne permettent pas les longues absences.

Le *grand tourisme* a des ambitions plus étendues et vise à parcourir les pays lointains; pour lui, l'horizon ne doit pas avoir de limites et la terre tout entière doit finir par devenir son champ d'exploration. Malheureusement, il n'est à la portée que de ceux à qui leurs loisirs, leur situation de fortune ou leur indépendance personnelle permettent de prendre une telle liberté!

Déjà de nombreux voyages de longue haleine ont été exécutés avec bonheur, donnant ainsi un salutaire exemple aux touristes de l'avenir.

En France, particulièrement, nous avons quelques intrépides vélocipédistes voyageurs, M. Laumaillé, par exemple, qui a parcouru, *à bicycle,* l'Angleterre, l'Italie, l'Espagne, l'Allemagne, l'Autriche, la Tunisie et, bien entendu, la France dans tous les sens.

Une tentative plus hardie fut faite, il y a quelques années, par le journaliste américain Thomas Stevens, qui tenta de faire le tour du monde en bicycle, et qui, après avoir traversé l'Amérique du Nord, l'Europe et une partie de l'Asie jusqu'en Chine, dut rebrousser chemin par suite des difficultés insurmontables qu'il rencontra dans ce pays.

Plus récemment, le capitaine russe de Kelleskrauss

traversa à bicyclette toute l'Europe et une autre fois toute la Russie et une partie de la Sibérie, en attendant qu'il explore l'Afrique, comme c'est son projet.

Ces exemples sont concluants et plaident hautement la cause du tourisme vélocipédique, qui est appelé, au train où vont les choses, à se propager de plus en plus et à devenir la forme de tourisme favorite des plus énergiques voyageurs.

LA VÉLOCIPÉDIE SUR ROUTE

La façon de se servir du vélocipède sur route est assez différente de celle qu'on est forcé d'observer en ville.

En effet la liberté d'allure est beaucoup plus grande, l'espace plus large et les obstacles bien moins nombreux.

Le vélocipédiste est donc dégagé de la majorité des préoccupations relatives au soin de sa sécurité ; aussi peut-il se livrer davantage à l'insouciance dans l'allure et à la fantaisie dans la direction.

Toutefois, si le vélocipédiste rencontre sur route moins de causes de périls qu'en ville, il est exposé à d'autres épreuves qui nécessitent des précautions ou une méthode de marche spéciales.

En ville, le terrain est ordinairement plat, les montées sont l'exception ; le pavé est le principal ennemi du vélocipédiste.

Sur route, le vélocipédiste passera par des alternatives de bon et de mauvais terrain, de montées ou de descentes plus ou moins raides qui exigeront des précautions minutieuses.

Les *descentes* devront être abordées doucement, afin

de ne pas permettre à la machine de s'emballer, ce qui est surtout dangereux en bicycle.

Si la descente est trop rapide, il vaudra mieux mettre pied à terre que de risquer de se laisser entraîner par la vitesse.

Si, par malheur, le vélocipédiste se trouve emballé par suite de la perte de ses pédales en bicycle ou de la rupture de son frein sur les autres machines, il devra ne pas perdre la tête, mais au contraire tenir sa direction bien ferme, prendre les tournants bien au bord intérieur de la route, avertir de loin s'il aperçoit des véhicules ou des piétons, et tâcher de reprendre peu à peu les pédales en les frappant prudemment tour à tour du pied à leur passage, ce qui finira par les arrêter assez pour les ressaisir.

Les *montées* devront également être commencées lentement afin de ne pas s'essouffler dès le début, mais de s'habituer au contraire peu à peu à l'effort à produire, qui doit, selon les cas, rester constant si la montée est longue, ou aller en augmentant si la côte est plus courte. Les raidillons de faible longueur pourront seuls être enlevés en vitesse, grâce à un bon élan qu'on prendra avant de les aborder.

Lorsqu'une côte est trop raide, le vélocipédiste devra mettre pied à terre plutôt que de s'acharner par amour-propre à une lutte où il ne gagnera qu'un temps insignifiant et subira une grande fatigue supplémentaire. Un peu de marche à pied lui reposera beaucoup les muscles et il se retrouvera absolument frais lorsque le plat recommencera, tandis que celui qui aura monté toute la côte arrivera au sommet exténué et incapable de profiter des conditions favorables du sol.

Les *ornières*, les caniveaux, les trous un peu profonds, les rails de tramway ou de chemin de fer et ceux formés sur les routes en hiver par les traces gelées des roues de voitures, devront être franchis avec précaution et obliquement, afin d'amortir la secousse et d'empêcher les roues de déraper; il faudra bien prendre garde de ne pas aborder ces obstacles parallèlement, car la roue pourrait s'y engager et, ne pouvant plus en sortir, déterminerait une chute.

Les *trottoirs* pourront être montés ou descendus avec prudence, dans certains cas et lorsqu'ils ne seront pas trop hauts, spécialement en bicyclette.

Le vélocipédiste est exposé à rencontrer souvent sur route trois grands ennemis : le vent, la pluie... et les chiens.

Le *vent debout* est l'obstacle le plus sérieux et le plus fatigant; il peut arriver à un degré de violence tel que le vélocipédiste ne puisse plus avancer et soit obligé de mettre pied à terre. On a même vu des bicyclistes renversés par une rafale.

Le vent a d'autant plus d'action sur le vélocipédiste qu'il est plus haut monté au-dessus de terre; aussi, dans certains cas, est-il plus avantageux de monter une machine plus petite que celle dont on se sert d'habitude. Cette considération n'a plus de raison d'être avec les tricycles et les bicyclettes, qui présentent, sous ce rapport, un avantage marqué sur le bicycle.

Pourtant, dans certains cas exceptionnels et avec ces machines mêmes, le vent pourra être tellement fort qu'il vaudra mieux mettre pied à terre et pousser à la main son cheval d'acier; on perdra peu de temps et l'on économisera beaucoup de fatigue.

En cas de vent violent, le vélocipédiste devra choisir

de préférence le lieu de son excursion de façon à avoir le vent debout à l'aller, quand il n'est pas encore fatigué, de façon que le retour s'effectue sans difficulté grâce au vent arrière.

La *pluie*, la grêle et la neige sont également fort gênantes pour le vélocipédiste; mais celui-ci pourra s'en défendre assez facilement à l'aide de sa pèlerine à capuchon et de ses molletières.

Ce qu'il ne pourra pas éviter, c'est le tirage supplémentaire occasionné par le détrempage et l'amollissement du sol. Dans ce cas, il vaudra mieux pour lui que la terre soit entièrement mouillée (auquel cas la résistance au roulement ne sera pas sensiblement augmentée) que collante et gluante, ce qui donnerait un supplément de tirage considérable.

Les *chiens* sont un danger constant pour le cycliste, surtout dans les villages où il passe peu de vélocipèdes et où ces animaux se précipitent souvent, en aboyant furieusement, dans les roues et peuvent devenir une cause de chute.

D'ailleurs, il est prudent de toujours ralentir à l'entrée des villages et de les traverser lentement, non seulement à cause des chiens, mais aussi des enfants et même des grandes personnes qui, n'ayant aucune idée de la vitesse des vélocipèdes, ne savent pas se ranger à temps.

L'*allure* du vélocipédiste devra être en rapport avec l'état et la nature du terrain ou la température; en aucun cas, il ne devra prendre une marche désordonnée et de nature à produire une abondante transpiration ou un essoufflement excessif.

Le *ralentissement* à l'approche du lieu de destination est une bonne habitude à prendre, afin de permettre au vélocipédiste, s'il est en état de transpiration, de donner à son corps le temps de se remettre dans son état normal.

Le lieu de *remisage* devra être la première préoccupation du vélocipédiste arrivant à son étape, le bon état de sa machine étant le gage de la régularité de son voyage.

Il devra donc choisir un lieu abrité de la pluie et clos, afin de soustraire la machine aux accidents, aux intempéries, à la curiosité ou à la malveillance. La précaution sera utile surtout lorsqu'on aura des caoutchoucs pneumatiques, que des gens malintentionnés ou de mauvais plaisants ont trop souvent la tentation de percer pour les voir dégonfler. S'il ne peut trouver un endroit clôturé, il agira prudemment en montant sa machine dans sa chambre.

Les *hôtels* à choisir par les vélocipédistes devront être de préférence les hôtels fréquentés par les voyageurs de commerce, en général bien tenus et de prix modérés.

Toutefois, si l'on ne connaît pas d'hôtel, on pourra descendre aussi dans les maisons recommandées par les guides spéciaux à l'usage des vélocipédistes ou par l'*Annuaire* de l'Union vélocipédique de France.

A défaut d'hôtels, dans les petites localités, le vélocipédiste devra se contenter des auberges; mais il agira prudemment en s'arrangeant de façon à terminer toujours ses étapes dans des villes d'une certaine importance.

Les *boulevards extérieurs* pourront être utilisés par les vélocipédistes toutes les fois qu'ils en rencontreront; de cette façon, ils contourneront les villes où ils ne veulent pas s'arrêter et éviteront le pavé.

Les *repose-pieds* ne devront être que d'un usage exceptionnel et à titre de simple amusement, car ils présentent deux inconvénients majeurs. En effet, en quittant les pédales, on sera beaucoup moins maître de la direction, et de plus le poids du corps reposera alors complètement sur la selle, d'où une augmentation considérable dans la trépidation.

D'autre part, les muscles des jambes se raidiront et auront une certaine difficulté à reprendre leur mouvement antérieur, ce qui occasionne même parfois une douleur assez vive.

Le *frein*, par contre, rendra de grands services dans les descentes rapides et surtout sur les longues pentes douces. Grâce au serre-frein, qu'on mettra au point de pression voulu, la machine n'aura plus de tendance à s'emballer et le vélocipédiste pourra se croire sur terrain plat et profiter sans crainte de la facilité de la descente.

Marcher *sans les mains* est une opération toujours un peu périlleuse et qui exige beaucoup d'attention, surtout en bicyclette, car un moment de distraction ou un léger obstacle faisant dévier la roue suffisent pour occasionner une chute d'autant plus violente qu'elle est inattendue. Il ne faudra donc user de cette fantaisie que sur un terrain excellent et avec une grande prudence.

L'*époque d'un voyage* devra être choisie avec discernement par le vélocipédiste. En moyenne, les mois de mai et juin, au printemps, et de septembre et octobre, à l'automne, sont les plus favorables. Les premiers présentent les jours les plus longs de l'année; les seconds jouissent, en général, d'une température plus constante. A ces deux époques, du reste, la chaleur est moyenne et permet de pédaler sans inconvénient à toute heure du jour.

Les mois de juillet et d'août sont plus pénibles à cause de la chaleur torride et du climat souvent orageux.

Dans ces deux mois, il faudra de préférence partir au petit jour et faire la première partie de son étape avant dix heures du matin, puis se reposer après déjeuner pendant les heures où le soleil est trop violent et repartir vers quatre ou cinq heures pour faire, s'il le faut, une étape supplémentaire à la nuit. En cette saison, en effet, les matinées et les soirées sont délicieuses et très propices aux voyages à véloce.

L'*itinéraire de voyage* devra être étudié avec soin avant son départ par le vélocipédiste, qui déterminera d'avance ses différentes étapes avec ses points d'arrêt, les curiosités à visiter; il aura toujours étudié les ressources du pays au point de vue vélocipédique, la nature des routes et la configuration du sol, de façon à laisser moins de prise à l'imprévu et à écarter de son chemin le plus de difficultés possible, afin de jouir dans la plus large mesure des plaisirs que pourra lui ménager son voyage.

La *marche en groupe* sera très différente de la marche isolée; elle exigera, en effet, beaucoup d'ordre et une certaine discipline pour éviter les collisions.

En général, il sera prudent de marcher par petits groupes, assez espacés les uns des autres, et de ne jamais se trouver plus de deux de front, excepté dans les routes d'une largeur exceptionnelle.

En cas de croisement avec un véhicule quelconque, il faudra dédoubler les files et marcher en file indienne sur la droite de la route, en laissant entre chacun une certaine distance, pour le cas de ralentissement imprévu du marcheur de tête.

Lors d'un voyage en groupe, on agira prudemment en avertissant les maîtres d'hôtel de l'heure de l'arrivée et en retenant d'avance les chambres, afin d'être certains d'être logés convenablement et de trouver le nécessaire.

Cette sécurité est, en effet, une des premières conditions d'un voyage d'agrément.

Les *pièces d'identité* seront très utiles au vélocipédiste, qui ne devra jamais voyager sans les avoir sur lui, spécialement en cas d'accident. Le passeport, de moins en moins exigé, pourra servir pourtant à l'étranger.

Les *armes*, telles qu'un revolver de poche placé dans un petit sac spécial et une bonne cravache, pourront être très utiles au vélocipédiste, en voyage, contre les chiens et quelquefois même, s'il le faut, contre les hommes, car les cyclistes ont été plus d'une fois attaqués par des brutes à face humaine ayant voué au vélocipède une haine inconsciente.

Un coup de revolver tiré en l'air mettra ordinairement en fuite les plus audacieux; mais, si cela est nécessaire, le vélocipédiste attaqué et en cas de légitime défense ne devra pas hésiter à se protéger plus efficacement.

Quelques *provisions de bouche*, telles que biscuits secs, tablettes de chocolat, thé, café ou cognac, pourront rendre les plus grands services au vélocipédiste dans une étape un peu longue ou par une température torride; cela le mettra à l'abri de la «fringale» qui annihile les forces et lui permettra de terminer son étape et d'attendre tranquillement l'heure du vrai repas.

Certains *produits pharmaceutiques* pourront être très utiles en route aux vélocipédistes en cas d'accident quelconque, chute, insolation ou piqûres d'animaux. Avec quelques notions générales, on pourrait faire un premier pansement, soit définitif, soit temporaire, si le cas est plus grave, en attendant les soins d'un médecin.

Le *chemin de fer* sera quelquefois imposé aux vélocipédistes en voyage, soit par suite du mauvais temps, soit pour éviter un pays déjà connu, soit pour se rendre plus rapidement dans la région qu'ils veulent visiter en machine.

Ils devront veiller dans ce cas avec soin à la façon dont leur machine sera placée dans le fourgon à bagages; les employés des Compagnies leur donnent presque toujours la facilité de surveiller eux-mêmes cette opération.

La machine (bicycle ou bicyclette) pourra être couchée ou placée debout. Cette dernière position sera préférable lorsqu'il y aura beaucoup de bagages. La machine devra alors être calée de façon qu'elle ne puisse glisser ni recevoir des chocs sur les rayons ou les pédales; il sera prudent en outre d'attacher la tête à la paroi du wagon avec une corde ou une courroie. Le tricycle devra être assujetti de façon qu'il ne roule pas.

Le bulletin de bagages devra être placé à cheval sur un rayon ou mieux encore sur une étiquette spéciale suspendue au guidon.

Les vélocipèdes sont considérés comme des bagages ordinaires; ils sont donc exonérés de taxe jusqu'à 30 kilogrammes et payeront rarement de l'excédent (sauf parfois les tricycles).

Le vélocipédiste devra veiller également au déchargement de la machine qu'on lui remettra en échange de son bulletin de bagages. Quelques gares, de plus en plus rares, exigent des vélocipédistes un bulletin de *non-garantie* pour la Compagnie relativement aux accidents pouvant arriver aux machines dans le parcours.

Les *voitures* seront quelquefois d'un grand secours pour les vélocipédistes, surtout en ville, pour transporter leur machine dans les quartiers impraticables à la vélocipédie. La chose est facile en voiture découverte pour les bicycles et les bicyclettes qu'on place en travers devant soi et qu'on maintient des deux mains. Il faudra veiller à ce que la machine, en dépassant de chaque côté de la voiture, n'accroche pas les autres véhicules au passage.

L'opération est plus difficile avec les tricycles, qu'il faudra placer de préférence sur le siège de derrière en s'asseyant soi-même sur le strapontin.

Sur les voitures fermées à galerie, la machine sera couchée sur le dessus et devra être amarrée solidement, afin de l'empêcher de glisser; mais, dans cette situation, la machine court toujours quelques risques d'avaries.

Les *bateaux à vapeur* pourront rendre de grands services aux vélocipédistes ; mais les machines n'y sont que tolérées et on les refuse sans exception les dimanches et jours de fête.

L'accès des bateaux à vapeur est très facile par les berges et les pontons d'embarquement.

Il va de soi que tous ces modes de transport, chemins de fer, bateaux ou voitures, ne devront être employés par le cycliste qu'à titre exceptionnel et dans des cas limités. Outre les avaries que peuvent occasionner, malgré toutes les précautions prises, de nombreux transbordements, ces véhicules enlèvent aux voyages vélocipédiques le caractère indépendant et sportif qui leur est propre.

Aussi les vélocipédistes devront-ils les éviter dans toute la mesure du possible et observer au contraire les règles ci-dessus indiquées, qui auront pour résultat de donner à leurs excursions la plus grande dose d'avantages qu'ils en peuvent attendre au point de vue de l'hygiène, du bien-être et de l'agrément personnel.

LE BAGAGE

Le vélocipédiste doit viser à n'emporter avec lui en voyage que le strict nécessaire.

En effet, plus il sera chargé, plus il entravera sa marche et plus il éprouvera de fatigue.

Le bagage comprendra deux parties distinctes :

1° Les objets concernant la machine;

2° Les objets destinés au vélocipédiste.

Le bagage, du reste, sera bien différent en importance, selon qu'il s'agira de faire une courte excursion ou un long voyage.

Dans ce dernier cas, il sera bon d'emporter les objets suivants :

Pour la *machine :*

1° Les clefs nécessaires pour tous les écrous ou une clef anglaise;

2° Quelques écrous de rechange pour les parties les plus exposées (pédales, support de selle, etc.);

3° Quelques rayons;

4° Un maillon de chaîne;

5° Un serre-rayons;

6° Un tournevis;

7° Deux burettes : une d'huile, une de pétrole;

8° Quelques billes de différentes grosseurs;

9° Une chaîne avec cadenas à secret pour enchaîner la machine au repos;

10° Une petite lime;

11° Un peu de ficelle;

12° Un petit flacon de vaseline;

13° Une peau de chamois pour le nickel;

14° Un chiffon pour nettoyer la machine;

15° Un peu de colle à caoutchouc;

16° La pompe pour le caoutchouc pneumatique;

17° Les accessoires nécessaires à la réparation éventuelle du caoutchouc pneumatique.

Pour le *vélocipédiste*, en supposant qu'il se mette en route pour un long voyage, portant sur lui le costume classique complet : casquette, veston garni de col et manchettes en celluloïd, gants, culotte courte, bas et souliers, il devra en outre emporter les objets suivants :

1° Un pardessus long et léger;

2° Une pèlerine imperméable avec capuchon;

3° Des houseaux dits bicycle-leggins;

4° Une paire de molletières légères;

5° Un pantalon assorti au veston;

6° Deux maillots de corps;

7° Un caleçon en jersey léger;

8° Deux caleçons de bain;

9° Deux faux cols en toile;

10° Deux paires de manchettes en toile;

11° Trois mouchoirs;

12° Une paire de bas;

13° Deux paires de chaussettes;

14° Une paire de souliers légers de rechange, pouvant faire office de pantoufles;

15° Un chapeau de feutre mou;
16° Un foulard;
17° Une paire de gants de ville;
18° Un couvre-nuque;
19° Une chemise de nuit en flanelle légère;
20° Un revolver avec cartouches à balle et à plomb;
21° Une gourde remplie de thé, de café ou de cognac;
22° Les objets nécessaires à la toilette du corps;
23° Un portefeuille contenant les papiers personnels;
24° Un couteau muni de ciseaux, de canif et de tire-bouchon;

25° Quelques produits pharmaceutiques, tels que taffetas, bande de toile, charpie, arnica, alcool camphré, etc., en cas de brûlure, de coupure, d'écorchure ou de piqûres d'animaux;

26° Quelques objets de consommation, tels que biscuits, tablettes de chocolat, pour tromper la faim entre deux étapes et éviter une fringale.

En thèse générale le bagage du vélocipédiste se divisera en trois parties :

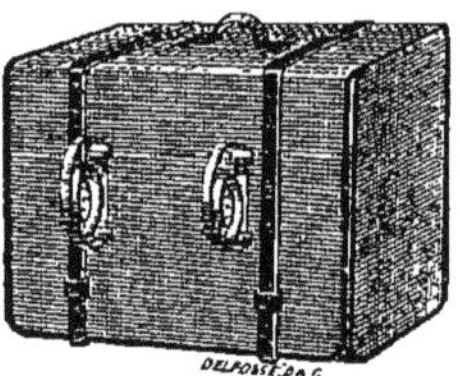

Sac de voyage imperméable.

Celle comprenant les vêtements ou accessoires les plus lourds, tels que pardessus, pantalon, bicycle-leggins, souliers, molletières, pèlerine. Ces objets devront être placés dans une valise spéciale ou roulés dans une pièce de moleskine qu'on attachera avec des courroies, disposition aussi simple qu'économique;

Celle comprenant les objets nécessaires à l'entretien de la machine, et qui seront contenus dans une sacoche spéciale;

Celle comprenant tous les autres objets à l'usage

personnel du vélocipédiste et qui seront enfermés dans une valise portative.

La manière de disposer le bagage sur la machine sera différente selon qu'il s'agit du bicycle, de la bicyclette ou du tricycle.

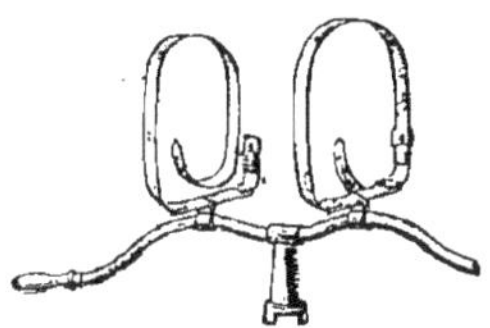

Porte-bagage tournant sur le guidon.

Sur le *bicycle*, le bagage se répartira de la façon suivante : on placera sur le guidon, retenu avec des courroies, le rouleau de moleskine contenant les gros objets de toilette; on attachera à l'arrière de la selle le sac à outils; enfin on fixera la valise au-dessous du sac à outils sur le corps du bicycle, où elle sera retenue par des courroies ou mieux encore par des bagues métalliques s'ouvrant à volonté.

Porte-bagage de tricycle.

Sur la *bicyclette*, le rouleau de moleskine se placera également sur le guidon, à moins qu'on ne préfère avoir une valise spéciale sur un porte-bagage en avant de la tête; la valise contenant les autres objets pourra, selon sa forme, se fixer soit sur un porte-bagage placé à l'arrière de la selle, soit dans l'intérieur du cadre si le vide est assez grand pour cela. La sacoche à outils se suspendra, selon les cas, soit à l'arrière de la selle, soit à la partie postérieure de la tête, du côté du vélocipédiste.

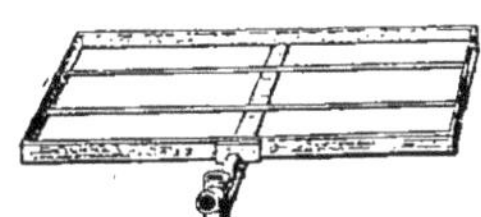

Porte-bagage de tandem.

Sur le *tricycle*, le rouleau de moleskine ou la valise se placera à l'avant et la sacoche à outils se suspendra à la selle, comme sur la bicyclette; la valise principale se placera sur un porte-bagage fixé à la tige de support de selle et reposant sur le pont de l'axe des roues de derrière.

Avec les objets ci-dessus, le vélocipédiste peut entreprendre, n'importe quel voyage; il trouvera facilement à faire blanchir son linge en quelques heures dans les villes où il s'arrêtera et à le remplacer en route en cas de mise hors d'usage.

Le vélocipédiste fera bien de placer d'une façon indépendante, pour ne pas être obligé de défaire un paquetage complet, certains objets, tels que la pèlerine à capuchon et le revolver, dont il peut, dans certains cas, avoir un besoin immédiat.

Les objets ci-dessus mentionnés, ajoutés aux valises nécessaires pour les contenir, forment un poids assez considérable qui pourra effrayer quelques touristes. Ceux-ci pourront ne garder avec eux que le strict nécessaire pour la route, et se faire expédier le surplus dans une valise qui les suivra d'étape en étape et qu'ils se feront adresser à domicile où ils la trouveront à l'arrivée. Cet expédient sera absolument nécessaire à ceux qui voudront emporter une garde-robe complète, tenue de ville, etc.

Cependant le vélocipédiste qui voudra voyager avec confortable et sécurité fera mieux d'emporter avec lui son bagage, dût-il être obligé de marcher un peu moins vite par suite de son supplément de poids ; il sera en effet dégagé du souci de ne pas trouver sa valise à destination, par suite d'une erreur ou d'un retard, et des conséquences ennuyeuses ou dangereuses qui peuvent en résulter pour lui, s'il arrive mouillé de sueur ou de pluie.

La première des conditions que doit en effet rechercher le vélocipédiste en voyage est d'avoir ses aises dans la plus large mesure possible et d'éviter tous les motifs de retard inutiles, et à plus forte raison ceux qui pourraient compromettre sa santé ; aussi, malgré les petits inconvénients qui peuvent en résulter pendant la marche, ne saurait-on trop conseiller au vélocipédiste-touriste de ne pas se séparer de son bagage.

LES VALISES

Parmi les accessoires de vélocipèdes, les valises occupent une des places les plus importantes, car le bien-être du voyageur en dépend dans une large mesure.

Cette branche de l'industrie a fait dans ces dernières années de grands progrès, et des appareils spéciaux ont été établis, réunissant la légèreté, l'élégance et la commodité.

Les valises affectent bien des formes et bien des dimensions selon l'usage qu'on veut en faire ou la partie de la machine où elles doivent être installées.

La forme la plus usitée est la forme carrée oblongue; c'est celle qui s'ajuste le plus facilement sur les porte-bagages placés soit sur le pont d'arrière d'un tricycle, soit à la tête d'une bicyclette au-dessus du frein. C'est aussi celle dans laquelle le bagage s'installe le plus commodément.

Une autre forme assez usitée est la forme cylindrique, assez pratique, et se plaçant sur le guidon avec facilité.

Une forme nouvelle a été imaginée pour les bicyclettes ayant un grand cadre; c'est une valise plate ayant environ 10 centimètres d'épaisseur, se plaçant dans l'intervalle vide du cadre de la machine au moyen de courroies attachées aux tubes, et affectant la forme intérieure du cadre.

Ces valises se fabriquent ordinairement en cuir, en toile ou en carton recouvert de toile ou de moleskine.

Les premières sont les plus solides, mais elles sont les plus chères et les plus lourdes.

Les valises en toile sont très légères, mais peuvent devenir perméables à l'eau et n'offrent qu'une durée bien moindre.

Les valises en carton recouvert tiennent le milieu entre ces deux espèces dont elles empruntent les qualités moyennes.

Pour qu'une valise soit vraiment commode, il faut

qu'elle contienne plusieurs compartiments dont le principal sera destiné aux vêtements, tandis que quelques autres de moindre grandeur recevront les menus objets de toilette ou de pharmacie utiles en voyage, les papiers ou les cartes qui devront être à l'abri de tout contact, etc.

Les valises devront être établies et installées sur la machine de telle sorte qu'on puisse les ouvrir et les refermer pour en retirer les objets qu'elles contiennent sans être obligé de les détacher de la machine. Elles devront être fermées à clef par une bonne serrure à secret et être munies d'une poignée, afin de les transporter aisément une fois enlevées de la machine. Elles devront aussi porter une plaque avec le nom et l'adresse de leur propriétaire, en cas qu'elles viennent à être égarées.

Grâce à ces prescriptions, le vélocipédiste sera muni d'une valise qui lui rendra de grands services et augmentera beaucoup son bien-être en voyage.

MESURES DES DISTANCES EN EUROPE

France. . .	Le myriamètre.	10.000	mètres.
—	Le kilomètre.	1.000	—
—	L'hectomètre	100	—
Angleterre.	Le mile.	1.609	—
—	La league (3 miles). . .	4.827	—
Allemagne.	Le kilomètre.	1.000	—
—	Le meile (ancienne mesure).	7.532	—
Autriche . .	Le meile	7.586	—
Belgique. .	Le kilomètre.	1.000	—
Danemark .	Le mijll (mile)	7.532	—

Espagne . .	Le kilomètre.	1.000	mètres.
—	La legua.	6.680	—
Grèce . . .	Le stadion.	1.000	—
—	Le skints (mile)	10.000	—
Hollande. .	Le mijl.	1.000	—
—	L'uur.	5.556	—
Italie	Le kilomètre.	1.000	—
Russie . . .	La verste	1.067	—
Suède. . . .	Le mil	10.000	—
Norvège . .	Le mul (mile)	11.295	—
—	Le grenzmul (lieue). . .	9.413	—
Suisse . . .	La vegstunde (lieue) . .	4.800	—
Turquie. . .	L'agatsch (mile).	5.001	—
—	Le beni	1.670	—
—	La posta guiduichi. . .	5.170 7.590	— —

GUIDES ET CARTES

Ces deux sortes d'ouvrages sont également nécessaires aux vélocipédistes qui veulent voyager ; les premiers leur donnent des détails sur les ressources du pays, les secondes les renseignent sur la configuration du sol.

GUIDES

Pour la France, le vélocipédiste pourra consulter avec fruit les guides suivants :

De Baroncelli (Guide des environs de Paris, 1 vol., et Guide routier du véloceman en France et en Europe, 1 vol.).

Jacquot (Guide itinéraire de France à l'usage des touristes). Cet ouvrage considérable doit avoir onze volumes sur lesquels un seul est encore paru, le sixième (Région des Pyrénées).

Ces livres sont faits surtout au point de vue pratique et utilitaire.

Joanne (par départements). Ces ouvrages, beaucoup plus développés, munis de cartes et plans de villes et agrémentés d'illustrations, sont conçus plutôt au point de vue descriptif et pittoresque.

Pour l'étranger, le vélocipédiste trouvera dans chaque pays des guides spéciaux.

CARTES

Il existe des cartes de toutes sortes, en noir et en couleurs, par feuilles ou entières, dont voici les principales :

Cartes de France en feuilles.

Les cartes les plus utiles sont :

1° La carte de France de l'État-major au 80 000e en 273 feuilles. La feuille, 0 fr. 50; sur toile, 2 fr. 25 (L. Baudoin).

2° La carte de France de l'État-major au 320 000e en 33 feuilles. La feuille, 0 fr. 50; sur toile, 2 fr. 25 (L. Baudoin).

3° La carte de France du ministère de l'Intérieur au 100 000e. La feuille, 0 fr. 75 (Hachette).

4° La carte de France du ministère de la Guerre au 200 000e en 81 feuilles. La feuille, 2 francs; sur toile, 3 fr. 60 (L. Baudoin).

5° La carte de France du dépôt des Fortifications au 500 000e en 15 feuilles. La feuille divisée en 4 parties, 1 fr. 50; sur toile, 3 francs (L. Baudoin).

Cartes de la France entière.

1° La carte routière et postale de la France au 500000e par Dufour, 4 francs; sur toile, 7 francs (E. Lanée).

2° La carte physique et routière de la France au 587300e par Frémin, 2 fr. 25; sur toile, 5 francs (J. Gaultier).

3° La carte des routes et chemins de fer de la France au 720000e, 3 francs; sur toile, 5 francs (Andriveau-Goujon).

Cartes départementales.

1° Collection des départements de la France au 400000e et au 500000e par A. Joanne. La carte, 0 fr. 50 (Hachette).

2° Collection des départements de la France au 400000e et au 500000e par Dufour et Duvotenay. La carte, 0 fr. 50; sur toile, 1 fr. 70 (J. Gaultier).

3° Collection des départements de la France au 250000e et au 300000e par A. Donnet et Frémin. La carte, 1 franc; sur toile, 2 fr. 25 (J. Gaultier).

Environs de Paris.

1° La carte du département de la Seine du dépôt de la Guerre au 20000e en 36 feuilles et au 40000e en 9 feuilles. La feuille, 0 fr. 50; sur toile, 1 fr. 25 (L. Baudoin).

2° La carte des environs de Paris dans un rayon de 30 kilomètres (0,015 par kilomètre), 3 francs; sur toile, 6 francs (Andriveau-Goujon).

3° La feuille n° 13 de la réduction de la carte de France

de l'État-major au 320 000e. Prix, 0 fr. 50; sur toile, 2 fr. 25 (L. Baudoin).

4° La carte des environs de Paris du ministère de l'Intérieur au 100 000e. Prix, 1 fr. 50; sur toile, 3 francs (Hachette).

5° La carte des environs de Paris au 150 000e. Prix, 1 fr. 25 (Chaix).

6° La carte des environs de Paris dans un rayon de 60 kilomètres au 170 000e. Prix, 4 francs; sur toile, 6 francs (E. Lanée).

Cartes locales.

1° Plan du bois de Boulogne au 10 000e. Prix, 1 fr. 50; sur toile, 3 francs (E. Lanée).

2° Plan du bois de Vincennes au 10 000e. Prix, 1 franc; sur toile, 3 francs (Andriveau-Goujon).

3° Plan des forêts de Saint-Germain, Marly et des environs par D. Récopé, 1 fr. 50; sur toile, 3 francs.

4° Carte de la forêt de Fontainebleau par Ch. Collinet, 1 fr. 50; sur toile, 3 fr. 50.

5° Plan de la forêt de Compiègne par E. Récopé, 1 fr. 50; sur toile, 2 fr. 25.

6° Plan de la forêt de Compiègne et de ses environs, 5 francs; sur toile, 8 francs (Andriveau-Goujon).

Cartes étrangères.

Pour les pays étrangers le vélocipédiste devra consulter spécialement les cartes du dépôt de la Guerre ou des états-majors étrangers.

DOUANES

Les vélocipèdes de toutes sortes, neufs ou vieux, payent à leur entrée en France un droit de 120 francs les 100 kilogrammes. Ces droits vont vraisemblablement être élevés au-dessus de 230 francs, par application des nouveaux tarifs de douane (1892).

Le vélocipédiste-touriste évitera ces frais en réclamant au bureau de la douane-frontière une *reconnaissance de consignation*, s'il entre en France pour en sortir ensuite, ou un *passavant descriptif* s'il sort de France pour y rentrer plus tard.

Dans le premier cas, les droits de douane seront remboursés au vélocipédiste, sur présentation de la reconnaissance de consignation, à sa sortie de France; dans le second cas, il n'aura rien à payer en rentrant en France muni de son passavant descriptif.

En cas de traversée de plusieurs pays, il faudra se mettre en règle avec les douanes étrangères pour éviter les droits.

En Angleterre, il n'y a pas de droit d'entrée sur les véloces.

En Suisse, les droits d'entrée sont de 10 pour 100 de la valeur de la machine.

En Prusse, les véloces neufs payent 24 marks les 100 kilogrammes.

En Autriche, on paye 20 francs par 100 kilogrammes pour les machines neuves.

En Italie, en Suisse, en Prusse et en Autriche, les droits sont supprimés pour les machines montées par des vélocipédistes-touristes.

ENTRETIEN DU VÉLOCIPÈDE

Pour qu'un vélocipède fasse un bon usage et fonctionne convenablement, il faut qu'il soit bien entretenu. De plus, grâce aux soins qu'on lui donnera, il durera bien plus longtemps que si on le néglige.

Il faudra donc que le vélocipédiste connaisse bien sa machine dans tous ses détails, puisse voir du premier coup quelle est la partie qui ne marche pas bien et sache y remédier.

Les opérations à faire sont nombreuses selon les cas ; voici les principales :

Nettoyer la machine. Après une sortie sur route, la machine revient, selon les saisons, couverte de boue ou de poussière, qu'il est utile d'enlever rapidement.

Dans le premier cas, il faut d'abord enlever le cambouis dans tous les endroits où il s'en forme, spécialement autour des roulements, puis laver la machine à grande eau, pour délayer la boue, à l'aide d'une éponge ou d'une brosse spéciale, puis frotter avec un linge gras et enfin passer la peau. Il est préférable d'enlever la boue le jour même, quand elle est encore humide ; si l'on enlève la boue à sec avec un linge qui n'est pas gras, on raye les parties émaillées qui se ternissent rapidement et perdent leur éclat.

La boue pourra sans inconvénient être laissée à l'état sec sur la machine sans attaquer l'émail : il faudra seulement, le jour où l'on voudra l'enlever, agir comme il est dit ci-dessus.

En cas de poussière, l'épousseter et passer ensuite la peau.

Entretenir les *parties nickelées* ou *polies.*

Le nickel n'est pas inattaquable à l'eau ainsi que beaucoup le croient; il résiste seulement plus longtemps que le poli. Il faudra, quand les parties nickelées seront mouillées, les essuyer jusqu'à ce qu'elles soient bien sèches et les passer à la peau. Pour le poli, astiquer à l'aide de la toile émerisée très fine. Enlever tout de suite, à l'aide d'un chiffon imbibé d'huile sur laquelle on met un peu de poudre de charbon de bois, les piqûres de rouille dès qu'elles apparaissent.

Si l'on compte sortir par un *temps douteux*, il faudra prendre la précaution de passer sur toutes les parties nickelées ou polies un linge imbibé de graisse, d'huile ou de vaseline.

Si l'on remise sa machine pour ne pas s'en servir pendant quelque temps, il faudra enduire de vaseline toutes les parties nickelées ou polies. On les retrouvera alors intactes.

Vérifier les roulements des roues motrices et directrices, de l'axe des manivelles, des pédales et de la tête à billes.

Pour les roues, il faut soulever la machine de terre, imprimer un mouvement aux roues et voir si elles tournent facilement et sans bruit, et si, avant de s'arrêter, elles opèrent plusieurs fois un mouvement de balancement d'avant en arrière.

Examiner la *tension des rayons* en les prenant deux à deux et en opérant sur eux une légère pression, grâce à laquelle on découvrira facilement ceux qui seront détendus. Alors il faudra les remettre au degré de tension voulu à l'aide du serre-rayons, opération facile à faire après une seule démonstration.

Vérifier le *collage des caoutchoucs* avec une pression latérale du doigt sur toute la circonférence du caoutchouc. S'il cède quelque part, il faudra le décoller complètement à cet endroit, nettoyer le caoutchouc à sec, ainsi que l'intérieur de la jante, à l'aide d'une lampe à esprit-de-vin, ajouter de la colle, si cela est nécessaire et, dès que la colle entre en fusion, replacer le caoutchouc. Si l'on n'a pas de lampe, on pourra se servir d'un morceau de fer rougi qu'on promènera au fond de la jante.

Examiner le *serrage des écrous*. Par suite des trépidations de la route, certains écrous ont une tendance à se desserrer, surtout dans les machines neuves. On devra donc, avant de partir en tournée, examiner avec soin s'ils sont bien tous serrés convenablement, le desserrage d'un écrou pouvant amener la rupture d'une pièce qui n'est plus maintenue, ou même un accident suivi de chute.

Régler les roulements et *corriger le jeu* de toutes les parties qui peuvent en prendre, spécialement les roues, les pédales, l'axe des manivelles, la tête à billes ou à pivot. Pour les roues, on s'assure si elles ont du jeu, en les soulevant et en pesant latéralement sur la jante, de droite à gauche dans le sens de l'axe. Si la roue bouge, c'est qu'elle a du jeu.

Pour la tête, saisir le guidon, soulever légèrement la roue et l'appuyer à terre ensuite plusieurs fois; on sentira bien s'il y a du jeu.

Pour l'axe des manivelles et les pédales, peser de droite à gauche; il y aura du jeu s'ils faiblissent sous l'effort.

L'opération pour corriger cette défectuosité est impossible à décrire; le vélocipédiste devra donc pour cela prendre les leçons d'un mécanicien et n'être satisfait que quand il saura bien l'exécuter, ce qui n'est pas très difficile, mais demande seulement un peu de soin et d'attention.

Nettoyer les coussinets. Commencer par y faire couler du pétrole pour délayer le cambouis qui y est contenu, faire tourner le coussinet jusqu'à ce que le pétrole en sorte absolument clair et mettre ensuite un peu d'huile.

Surveiller la *tension de chaîne.* Celle-ci ne doit être ni trop tendue, ce qui occasionne beaucoup de tirage et use considérablement les maillons de la chaîne et les dents des pignons, ni trop détendue, ce qui donne des sursauts gênants pour le coup de pédale et risque de lui permettre de passer par-dessus les dents des pignons et d'occasionner de graves avaries. La tension de chaîne devra rester dans une bonne moyenne.

Veiller au *bon fonctionnement du frein* et s'assurer s'il agit convenablement sur la roue et s'il n'est pas exposé à se desserrer. Cette question est de première importance pour la sécurité du vélocipédiste.

Graisser la machine dans toutes les parties où cela sera nécessaire. Le défaut de graissage amènerait rapidement le grippement des roulements qui ne sont pas à billes; quant à ceux-ci, ils ne se gripperaient peut-être pas, mais ils s'useraient à l'intérieur et les billes finiraient par se briser. La tête du vélocipède deviendrait en outre très dure, ce qui gênerait beaucoup la direction, empêcherait les virages et pourrait occasionner un accident. Le graissement de la chaîne rendra celle-ci plus douce de roulement et plus silencieuse.

Le graissage ne devra pas être exagéré; un graissage modéré suffit largement.

Il faudra veiller avec soin, si l'on a des caoutchoucs pneumatiques, à ne pas laisser d'huile ou de corps similaires en contact avec le caoutchouc, sur lequel ils ont une action dissolvante qui amènerait une avarie.

Grâce à toutes les recommandations ci-dessus, le vélocipédiste conservera longtemps sa machine en bon état extérieur et intérieur et sera largement récompensé, par les services qu'elle lui rendra, du sacrifice d'argent qu'il aura fait pour l'acquérir.

CHAPITRE XIV

LES COURSES

Toutes les fois qu'un mode de locomotion nouveau est inventé, on peut être certain qu'il donnera naissance à des courses.

Cela ne pouvait manquer pour le vélocipède.

Le besoin de la lutte est en effet inné chez l'homme et se donne libre carrière toutes les fois que l'occasion surgit.

D'ailleurs, les premiers vélocipèdes, quoique grossiers et d'un poids excessif, avaient déjà vaguement la silhouette d'instruments réservés à des courses; leur forme même et leur équilibre instable les prédestinaient à ce genre d'exercices.

Aussi est-ce dans cet ordre d'idées que les perfectionnements furent d'abord tentés.

Le premier objectif de l'industrie vélocipédique fut, en effet, d'augmenter la vitesse des vélocipèdes et de diminuer leur poids.

En cherchant la solution de ce problème, on n'avait pas d'autre pensée que de favoriser les courses.

Ce fut l'origine des perfectionnements successifs apportés aux vélocipèdes.

Pour qu'un homme puisse donner le maximum de son effort utile dans un sport qui exige l'emploi d'instruments quelconques, comme par exemple l'aviron, l'escrime ou la vélocipédie, il faut que ces instruments soient amenés au plus grand degré de perfection possible sans lequel l'homme, fût-il de première force, peut être en partie paralysé par l'usage d'un instrument défectueux.

C'est ce qui est arrivé pour le vélocipède.

Avec les instruments primitifs, les résultats furent médiocres et les vitesses dérisoires.

Peu à peu, les machines s'allégeant et se perfectionnant, les vitesses augmentèrent et les coureurs poussèrent activement les constructeurs dans cette voie.

Ils attribuaient leurs défaites à leurs machines, ce qui était quelquefois vrai quand ils se trouvaient en face d'adversaires mieux montés, et pressaient les constructeurs pour leur en établir de semblables et même de meilleures.

De leur côté, ceux-ci, intéressés à voir leurs machines sortir victorieuses de la lutte, s'appliquaient à leur donner tous les perfectionnements qu'exigeaient les rapides progrès déterminés par la concurrence.

La course étant, en effet, à ce moment le seul élément de diffusion du vélocipède, une victoire retentissante, un championnat brillant gagné sur une machine était la plus belle et la plus fructueuse réclame pour le constructeur.

De ce double élément et de cette solidarité d'intérêts entre les coureurs et les constructeurs est sorti le perfectionnement si rapide des machines.

C'est une vérité évidente et que sont malheureusement trop tentés d'oublier de nombreux touristes de fraîche date, qui n'ont pas assisté aux débuts pénibles de la vélocipédie, n'en ont pas souffert et affichent pour les courses une indifférence ou même un mépris injustifiés, sans réfléchir qu'ils leur doivent les instruments presque parfaits en usage aujourd'hui.

On peut dire, en effet, hardiment que les coureurs sont la cause directe du perfectionnement incessant des machines de route.

Dans les débuts, on s'imagina qu'il fallait des machines d'une solidité excessive et d'un grand poids pour résister aux obstacles et aux difficultés inhérentes à la route. On les établit donc dans ce sens. Bientôt quelques coureurs firent de temps à autre de la route sur leurs machines de course, qui résistèrent fort bien, et l'on s'aperçut qu'on pouvait impunément diminuer notablement le poids des machines de route sans compromettre la sécurité du vélocipédiste, ni la durée de la machine.

On s'appliqua donc à enlever tout le poids inutile, à alléger les parties de la machine qui ne souffraient pas et à renforcer seulement celles qui subissaient l'effort; peu à peu on arriva à établir des machines de route d'un confortable et d'une résistance absolus et ne pesant pas plus que les anciennes machines de course, tandis que celles-ci arrivaient progressivement à la dernière expression de la légèreté.

Les courses n'ont pas été utiles seulement au point de vue du perfectionnement des machines; elles rendent encore de grands services, principalement à la jeunesse, en excitant son émulation et en la poussant dans la voie de l'entraînement physique qui doit être une des préoccupations principales de notre époque.

A cet égard, les courses de vélocipèdes présentent un attrait tout particulier, parce qu'elles sont à la portée de tous et qu'on peut en organiser pour tous les âges et toutes les forces; aussi n'est-il pas étonnant qu'elles se soient développées avec une extrême rapidité.

Il n'y a pas aujourd'hui une région de la France qui n'ait ses courses de vélocipèdes; toutes les fêtes locales sont un prétexte pour en organiser et la première préoccupation d'une société de formation récente est d'affirmer sa vitalité en donnant des courses.

Toutefois ce mouvement, excellent en lui-même, engendre quelquefois des abus; car il donne lieu trop souvent à des courses ou de prétendues courses qui ne sont que des exhibitions grotesques faites beaucoup plus pour nuire au sport vélocipédique que pour servir sa cause.

Pour qu'une course soit digne de ce nom, il faut, en effet, qu'elle réunisse des conditions de terrain et d'organisation qui lui donnent un caractère sportif dans son ensemble et une garantie de sincérité dans le résultat des épreuves.

Or il n'en est malheureusement pas toujours ainsi, et trop souvent les courses de vélocipèdes ont été et sont encore organisées par des entrepreneurs incompétents ou des spéculateurs véreux qui ne visent que le bénéfice à retirer des entrées du public.

C'est ce qui a donné lieu à certaines réunions ridicules organisées jusqu'aux portes de la capitale, voire même sur les pavés de la place du Carrousel, et qui ont affligé tous les vélocipédistes sérieux en déconsidérant notre sport aux yeux du grand public.

De tels abus existeront toujours ; mais les coureurs qui se respectent ont un moyen de les diminuer : c'est de s'abstenir de paraître dans une réunion de courses n'ayant pas un caractère sérieux; alors les exhibitions en question seront reléguées au rang des exercices de foire.

Autant des courses ridiculement présentées et données sur des terrains impraticables et dangereux sont de nature à nuire au sport, autant des courses bien organisées sur un emplacement propice peuvent au contraire servir sa cause et lui attirer des sympathies.

Il est certain, en effet, que rien n'est plus passionnant qu'une belle course de vélocipèdes, bien menée par de bons coureurs, sur une piste dégagée de tout obstacle, et où ils peuvent déployer tous leurs moyens.

Les machines principales qui servent à la course sont le bicycle, la bicyclette et le tricycle.

Les courses de bicycles, autrefois si fort en faveur, ont énormément diminué de nombre en France, au point d'être presque entièrement abandonnées, surtout depuis l'apparition de la bicyclette.

Cela tient d'abord à ce que le bicycle est beaucoup plus dangereux au point de vue des chutes, à raison de l'état trop souvent défectueux des terrains de course, — ce qui oblige le bicycliste à prendre des précautions spéciales et le met en état d'infériorité en annihilant partiellement ses moyens; — ensuite, à ce que le bicycle ne peut plus lutter en vitesse avec la bicyclette, depuis les récents perfectionnements apportés à cette machine.

Les courses mixtes des deux machines sont donc par là même condamnées à disparaître. Quant aux courses spéciales de bicycles, elles deviendront très rares; les coureurs se déshabitueront de plus en plus de cette machine; d'ailleurs, elles ne pourront être données en pleine sécurité que sur des terrains exceptionnellement favorables ou sur des pistes spéciales.

Cette disparition des courses de bicycles est assurément regrettable au point de vue pittoresque : il est certain que cette machine était beaucoup plus intéressante et gracieuse à voir en course que la bicyclette.

On ne pouvait rêver rien de plus émouvant que l'arrivée d'un groupe de grandes roues séparées quelquefois par quelques centimètres seulement et passant le poteau dans un tourbillon, tandis qu'au milieu de l'enchevêtrement des guidons et des pédales et de l'éblouissement des rayons, les jambes tombaient alternativement dans une cadence endiablée comme les pistons d'une machine à grande vitesse, et qu'au-dessus les corps des coureurs, couverts de maillots multicolores, passaient dans une vision folle d'arc-en-ciel emballé.

Ceux qui, trop nouveaux dans la vélocipédie, n'ont pas assisté aux belles courses de bicycles d'autrefois n'ont qu'une notion incomplète des courses de vélocipèdes; ils auront été privés de leurs aspects les plus pittoresques.

On peut à ce sujet demander l'avis de ceux qui ont vu, en 1888, le Championnat de France à Longchamp, où vingt-cinq bicyclistes apparurent au premier tour, gravissant la montée en rangs serrés et passant le poteau à une allure de 32 kilomètres à l'heure, spectacle qui souleva l'enthousiasme des spectateurs et laissa dans leur esprit un souvenir inoubliable.

Les courses de bicycles pourront renaître en France; mais il faudra pour cela la création de pistes spéciales, construites avec un sol parfait, avec des virages scientifiquement établis, et écartant ainsi le danger inhérent à cette machine élégante, mais périlleuse.

Tant qu'on ne sera pas arrivé à ce résultat, il faut s'attendre à voir le bicycle abandonné de plus en plus par les coureurs.

Aussi comprend-on aisément le succès du bicycle en Angleterre, ce pays privilégié au point de vue du sport, où abondent les pistes spéciales.

Quoique les vitesses du bicycle aient été enfin battues en 1890 par la bicyclette, la faveur qui s'attache aux courses de bicycles a persisté chez nos voisins, à raison des qualités spéciales inhérentes à cette machine.

En France, nous n'en sommes pas encore là et pour le moment les courses sont surtout données dans un but utilitaire qui est, soit de remplir la caisse des organisateurs, ce qui peut être intéressant quand il s'agit de sociétés vélocipédiques qui ont des charges nombreuses, soit de fournir aux coureurs professionnels des prix suffisants pour les décider à s'entraîner et à se déplacer.

Le côté purement sportif des courses ne peut encore être considéré que d'une façon exceptionnelle; mais, étant donné le mouvement actif qui se dessine dans ce sens, il est à espérer que dans un avenir prochain les courses de vélocipèdes acquerront partout le côté sérieux qui distingue déjà quelques autres sports.

En attendant, les courses de vélocipèdes bien organisées sont pour le public un spectacle des plus intéressants et un excellent motif d'émulation pour la jeunesse.

A ce double point de vue, elles méritent donc d'être encouragées et c'est ce que commencent heureusement à comprendre les pouvoirs publics.

LES SOCIÉTÉS

Tous les sports ont abouti à la création de sociétés; la vélocipédie ne pouvait non plus échapper à la loi commune.

En effet, si la vélocipédie est par elle-même un sport assez intéressant pour être pratiqué isolément, à plus forte raison le devient-elle encore davantage en groupe.

La communauté de goûts, rapprochant les adeptes d'un même sport, les pousse invinciblement à se réunir dans un but commun.

Toutes les sociétés vélocipédiques ont eu la même histoire :

Dans chaque ville il se trouve un premier vélocipédiste. Son exemple est suivi par un autre, puis par dix, par vingt, et davantage encore.

Les vélocipédistes, appelés forcément à se rencontrer souvent, soit dans leur ville même, soit en promenade sur les routes avoisinantes, se connaissent rapidement de vue ; de là à lier connaissance personnelle, il n'y a qu'un pas facilement franchi, et le goût commun de la vélocipédie ne manque pas de rapprocher à la première occasion deux étrangers de la veille.

On se salue d'abord, on s'aborde ensuite; puis, la connaissance faite, on prend l'habitude de sortir ensemble.

Lorsque le nombre des vélocipédistes est devenu assez important, il se trouve parmi eux un homme plus entreprenant, plus autorisé ou plus influent que les autres, qui a l'idée de les grouper en société.

Souvent, du reste, plusieurs ont la même pensée, et la chose n'en devient que plus facile.

On cherche un local pouvant servir de lieu de réunion périodique; on nomme un bureau et la société est fondée.

Les plus anciennes sociétés vélocipédiques françaises ne remontent guère qu'à une vingtaine d'années, et c'est seulement depuis dix ans que le mouvement vélocipédique a pris réellement sous ce rapport un essor décisif.

Le nombre des sociétés, minime il y a peu d'années encore en France, s'est rapidement accru : en 1891, on en pouvait compter environ deux cent soixante, réparties sur tous les points du territoire.

Quelques villes possédaient plusieurs sociétés, et Paris entrait dans l'ensemble total pour le chiffre de quinze sociétés.

C'est un grand progrès, quoique nous soyons encore bien en retard, sous ce rapport, sur nos voisins les Anglais.

A la même date, en effet, l'Angleterre comprenait plus de mille sociétés vélocipédiques, parmi lesquelles la ville de Londres seule entrait pour la proportion énorme de deux cent quatre-vingts.

Quoi qu'il en soit, l'impulsion est actuellement donnée en France : chaque année voit éclore de nombreuses sociétés nouvelles, et tout fait espérer que, dans quelques années, la France n'aura rien à envier sous ce rapport aux nations voisines.

Les sociétés peuvent avoir des raisons d'être différentes.

Les unes ont été fondées dans le but spécial d'organiser des courses; d'autres ont eu pour objectif principal de favoriser le tourisme. Beaucoup d'entre elles ont cherché à s'intéresser également à ces deux branches du sport.

En dehors des sociétés proprement dites, fondées dans un but d'intérêt local et restreintes à des personnes se connaissant réciproquement, il y avait lieu de former une société universelle destinée à fondre dans un but d'intérêt commun la plus grande somme possible des forces vives vélocipédiques.

Cette sorte de fédération existait déjà pour d'autres sports ; elle fut créée à son tour dans la vélocipédie, en 1880, sous le nom d'*Union vélocipédique de France*.

Cette société universelle a eu le double but de codifier les courses et d'organiser le tourisme.

En matière de courses, elle a élaboré un règlement qui fait loi dans toutes les réunions organisées par les sociétés agrégées à l'Union et qui est du reste généralement adopté, à quelques variantes près, par toutes les autres sociétés.

En matière de tourisme, elle a divisé la France en régions et organisé une hiérarchie correspondante de fonctionnaires nommés consuls, ayant pour mission de donner aux vélocipédistes de passage tous les renseignements qui leur sont nécessaires. Elle étudie en outre tous les moyens d'encourager et de faciliter le tourisme vélocipédique.

L'Union vélocipédique de France comprenait en 1892 près de soixante sociétés affiliées et de nombreux membres individuels dont le chiffre augmente chaque année.

L'Union est administrée par un comité exécutif siégeant à Paris et relevant d'un conseil permanent composé de tous les délégués des groupes affiliés, se réunissant chaque année dans un congrès où se débattent les modifications à apporter aux statuts.

Le siège de l'Union est à Paris, 36, rue du Louvre.

Les cotisations annuelles sont de 10 francs pour les membres individuels et de 1 franc par membre pour les sociétés affiliées.

En retour de ces cotisations, les membres de l'Union jouissent d'avantages divers qui les compensent largement.

Quelques tentatives de concurrence ont été faites à différentes reprises contre l'Union, soit dans le domaine des courses, soit dans celui du tourisme; mais ces essais de division, provenant surtout de l'ambition personnelle de quelques inconnus amoureux de réclame ou de quelques évincés mécontents de leur chute, ont été éphémères et sans grand danger pour l'existence de l'Union, qui repose sur un principe d'une utilité incontestable et qui retient dans son sein les sociétés les plus nombreuses et les plus prospères, de même que les personnalités les plus anciennes et les plus compétentes de la vélocipédie française.

Les sociétés, quoique formant dans l'ensemble du nombre de leurs membres la minorité parmi le chiffre total des vélocipédistes français, ont cependant joué dans le passé et joueront certainement dans l'avenir le rôle principal dans la marche ascendante de la vélocipédie.

C'est en effet grâce à elles, et par suite des manifestations d'ensemble de toute sorte qu'elles ont faites dans maintes occasions, que le mouvement vélocipédique s'est rapidement accentué en France dans ces dernières années.

C'est par l'éclat donné aux courses auxquelles assistent quelquefois plusieurs milliers de spectateurs, autant que par les excursions en groupe dans des régions encore réfractaires à la vélocipédie, que les sociétés ont répandu le goût du vélocipède dans un nombreux public qui n'eût peut-être jamais eu, ou en tout cas pas de longtemps, l'idée de pratiquer ce sport nouveau.

Il est certain que les vélocipédistes isolés, si nombreux fussent-ils, ne seraient jamais arrivés à de tels résultats avec une aussi grande rapidité.

Une belle réunion de courses ou une excursion de société bien organisée font, en effet, une impression bien plus vive sur le public que le passage de plusieurs vélocipédistes individuels.

Ce sera là l'éternel honneur des sociétés et le meilleur plaidoyer en faveur de leur utilité en face de ceux que l'égoïsme retient dans un isolement stérile.

Les vélocipédistes, aimant le sport non seulement pour eux-mêmes, mais encore d'une façon intrinsèque, doivent donc pousser autant que possible à la formation des sociétés.

Il est certain que les sociétés vélocipédiques ne sont pas la perfection et comportent quelques petits ennuis, inhérents à toutes les agglomérations.

Des dissensions intestines s'y produisent souvent et l'amour du panache et des honneurs ou les questions d'intérêt commercial entraînent quelquefois des discussions regrettables. Mais ces petits défauts n'infirment en rien le principe, et il suffit pour y parer de placer à la tête de la société quelques hommes qui aient l'autorité nécessaire pour faire passer l'intérêt général avant les petites questions personnelles.

Il faut, en outre, pour qu'une société soit réellement viable et solide, qu'elle se compose d'éléments homogènes et d'hommes réunis par le goût de la vélocipédie et la communauté d'âge et de situation.

Toute société qui n'est pas basée sur ces principes est compromise d'avance et condamnée à une dissolution ou à une scission fatale. On ne saurait donc trop recommander à ceux qui tentent de fonder une société de bien observer ce principe s'ils veulent faire œuvre utile et durable.

LA VITESSE DU VÉLOCIPÈDE

La vitesse du vélocipède est un des sujets les plus fertiles en erreurs, tant de la part du public que des vélocipédistes eux-mêmes, mais pour des causes différentes.

Les erreurs du public profane viennent des mauvais renseignements qu'il est exposé à recevoir ou de son ignorance des ressources réelles et moyennes du vélocipède. Très souvent il est victime du témoignage trompeur de ses propres yeux. Il voit passer un bicycle rapide comme un éclair et il en conclut que le vélocipède doit marcher toujours à cette allure, sans se douter qu'il y a loin d'un moment d'enlevage effréné, qui ne peut durer que quelques minutes, à un train moyen et soutenu pouvant se maintenir pendant plusieurs heures.

Il est du reste souvent entretenu dans cette erreur par nombre de vélocipédistes vantards qui ne se font pas scrupule de soutenir que cette allure est dans leurs habitudes : aussi n'est-il pas étonnant de rencontrer encore nombre de gens qui croient de bonne foi que le vélocipède peut faire à un express de chemin de fer une concurrence victorieuse.

Il n'est pas un vélocipédiste, ayant un peu voyagé, qui n'ait entendu des réflexions dans ce sens.

Les erreurs des vélocipédistes résultent de leur ignorance de ce qu'on appelle « la science du train ».

Laissant de côté ceux qui, par une fausse gloriole, essayent de tromper le public sur la véritable vitesse de leur machine, il reste encore un bon nombre de vélocipédistes qui, de très bonne foi, s'imaginent marcher à une allure beaucoup supérieure à celle qu'ils ont réellement. Cette erreur provient de ce qu'ils basent souvent leurs calculs sur des résultats obtenus sur un bout de terrain exceptionnellement favorable ou bien avec l'auxiliaire du vent. Toutes les fois qu'ils rencontrent des conditions analogues, ils s'imaginent marcher à la même vitesse et ne tiennent pas compte des différences d'état du sol, de la déclivité du terrain ou de la direction du vent; ils ne calculent que leur effort et ne s'aperçoivent pas qu'une bonne partie de leurs forces est employée à vaincre ces difficultés, et cela au détriment de la vitesse qui s'en trouve considérablement diminuée.

Puisqu'il s'agit de vitesse, il est curieux de voir quelles ont été les limites extrêmes atteintes sur des espaces et dans des temps variés ainsi que dans des conditions diverses de terrain.

Les vitesses qu'on peut obtenir en vélocipède sont bien différentes, selon qu'il s'agit de la course ou du tourisme.

Même en matière de courses, il y a de grands écarts entre les courses sur piste ou sur route, et entre les courses de petites distances et celles de longue haleine.

Ces écarts énormes proviennent de causes multiples : l'état du sol, la différence dans le poids des machines, la température, enfin la force intrinsèque des coureurs.

Les vitesses ont énormément progressé depuis quelques années, grâce au perfectionnement incessant des machines. Autrefois, la vitesse de 500 mètres à la minute, correspondant à 30 kilomètres à l'heure, était considérée comme le maximum de ce qu'on pouvait obtenir en course sur une distance ordinaire; aujourd'hui cette vitesse ne constitue plus qu'une moyenne qui peut être atteinte facilement par un coureur de second ordre. Sur une petite distance, les vitesses peuvent être de beaucoup supérieures.

Par exemple, le coureur anglais Jones a couvert en 1890 *à bicyclette* le mille (1609 mètres) en 2'20", ce qui donne une moyenne de 690 mètres à la minute ou de plus de 41 kilomètres à l'heure. Le même coureur a couvert 5 milles (8045 mètres) en 12'56", soit une moyenne de 620 mètres par minute et plus de 37 kilomètres à l'heure.

D'autre part, le coureur américain Rowe a parcouru *à bicycle* la distance formidable de 36450 mètres en une heure, Parsoons a fait 97 kilomètres en trois heures *à bicyclette*, soit une moyenne de plus de 32 kilomètres à l'heure, et le Français Jules Dubois, également *à bicyclette*, 100 kilomètres en deux heures 41'56".

Le coureur anglais F. Lees a couvert plus de 300 kilomètres en douze heures, *à bicycle*, soit une moyenne de 25 kilomètres à l'heure, et le coureur français Ch. Terront, le même qui a gagné en septembre 1891 la mémorable course de Paris à Brest et retour (1), accom-

(1) Cette course marque une date dans l'histoire de la vélocipédie, à la fois parce qu'elle a été chez le vainqueur un admirable exemple d'endurance (trois jours et trois nuits en selle, sans sommeil ni repos !) et parce qu'elle a initié le grand public à l'importance du sport vélocipédique.

plit jadis, également *à bicycle*, 584 kilomètres en vingt-six heures et demie, donnant une moyenne de 22 kilomètres à l'heure.

Enfin le coureur anglais Holbein a parcouru *à bicy-*

clette la distance de 541 kilomètres en vingt-quatre heures, et plus récemment ce « record du monde » a été conquis par l'Américain Waller, puis par le Français Stéphane et par l'Anglais Shorland, pour rester en dernier lieu à notre compatriote Stéphane, par 673 kilomètres 816 mètres en vingt-quatre heures.

On voit par ces exemples les différents degrés de décroissance de la vitesse en proportion de l'augmentation du temps et de la distance.

Toutes ces courses ont été accomplies sur *piste*.

Les épreuves sur *route* n'ont eu lieu que sur de longues distances. Voici quelques résultats :

La plus grande distance couverte en une heure a été de 33 kilomètres et quart par le coureur anglais Holbein, *à bicyclette*.

Le coureur anglais T. Edge a parcouru, également *à bicyclette*, la distance de 100 milles (161 kilomètres) en cinq heures vingt-sept minutes, soit une moyenne de plus de 29 kilomètres à l'heure.

Enfin le coureur anglais S. S. Mills a parcouru l'Angleterre dans toute sa longueur *à bicycle* (1450 kilomètres) en cinq jours, soit une moyenne de 290 kilomètres par jour.

Toutes ces performances sont des exceptions et ont été accomplies par des hommes de tout premier ordre, admirablement entraînés, et, sauf la traversée de l'Angleterre par S. S. Mills, exécutées dans des conditions exceptionnelles de choix des routes, de température et de soins de toute sorte. Elles ne peuvent donc être considérées que comme des tours de force hors de la portée de la moyenne des vélocipédistes et destinés surtout à démontrer les résultats surprenants qu'on peut atteindre avec le vélocipède, en faisant un choix parmi les hommes et en accumulant toutes les conditions favorables.

Il y a loin de là aux résultats qu'on peut demander aux vélocipédistes de vigueur ordinaire et attendre d'eux d'une façon pratique et normale.

Ces résultats sont d'ailleurs assez beaux pour qu'on puisse s'en contenter.

La vitesse du vélocipède, pour être pratique, doit être considérée dans une moyenne accessible à différents échelons de force résultant de l'âge ou des aptitudes.

Il s'agit, bien entendu, de la vitesse sur route.

En prenant comme base d'une journée complète le chiffre de quatorze heures (de cinq heures du matin à sept heures du soir, pendant la période des longs jours), et en défalquant quatre heures d'arrêt, il restera dix heures de marche.

Il faut supposer également des conditions favorables de température et d'état du sol; car la pluie, la boue, le vent, les accidents de terrain ont une influence énorme sur la vitesse.

Dans des conditions moyennes, on peut diviser les vitesses et les forces relatives des vélocipédistes en cinq classes :

Les *petits marcheurs*, faisant 10 kilomètres à l'heure, soit 110 kilomètres dans la journée complète décrite ci-dessus ;

Les *marcheurs ordinaires*, faisant 12 kilomètres à l'heure, soit 120 kilomètres dans la journée totale ;

Les *bons marcheurs*, faisant 14 kilomètres à l'heure, soit 140 kilomètres en un jour;

Les *marcheurs excellents*, faisant 16 kilomètres à l'heure, soit 160 kilomètres ;

Les *marcheurs exceptionnels*, pouvant soutenir sans faiblir un train de 18 et même de 20 kilomètres à l'heure.

Il est question, bien entendu, de tourisme, et non de course ni même d'entraînement.

On suppose également que le vélocipédiste arrive au but non pas exténué, sans appétit et à bout de souffle, ce qui prouverait qu'il a notablement dépassé ses forces, mais en bon état et n'éprouvant qu'une légère fatigue, telle que celle qui résulte normalement d'un exercice un peu violent et qui se répare avec un bon dîner et une nuit de sommeil, lui permettant d'être le lendemain matin frais et dispos et prêt à recommencer.

En tout cas, en prenant pour moyenne les chiffres ci-dessus, on doit déjà se déclarer satisfait; car il y a loin de ces distances à celles qu'on peut parcourir, dans le même temps et à fatigue égale, à pied ou même à cheval ou en voiture.

A cet égard, on ne peut nier que le vélocipède n'ait constitué un sérieux progrès dans l'art de la locomotion.

LE COSTUME DE COURSE

Le costume de course diffère de celui qu'on doit adopter sur route.

Si, dans ce dernier cas, on cherche avant tout la commodité associée aux formes les plus rapprochées de la tenue de ville ordinaire, confortable et pratique, on doit, dans le premier, rechercher avant tout la légèreté et l'aisance complète des mouvements.

Au début des courses, la liberté la plus grande était laissée aux coureurs pour le choix de leur costume; cela donna lieu à des abus. Les uns, sous prétexte d'originalité, exhibèrent des costumes grotesques, ayant une forme ou portant des dessins ou des attributs qui soulevaient la risée publique. D'autres portaient des costumes d'une propreté plus que douteuse et, à l'exemple de certains chasseurs, semblaient se faire un point d'honneur d'exhiber la trace de leurs fatigues ; d'autres enfin, pour être, disaient-ils, à leur aise, se montraient dans des toilettes qui frisaient l'inconvenance, avec des culottes trop courtes et des maillots sans manches, trop largement échancrés.

Les organisateurs de courses durent donc rapidement réagir contre ces tendances fâcheuses, qui étaient de nature à nuire sérieusement aux courses vélocipédiques.

Ils commencèrent par exiger une tenue propre, correcte et décente ; mais ce n'était pas encore assez, car les interprétations pouvaient être diverses sur la forme et sur la couleur.

Afin de couper court à toute discussion à cet égard et de donner aux coureurs une tenue d'ensemble uniforme, comme cela a lieu pour les jockeys dans les courses de chevaux, l'Union vélocipédique de France a décidé l'adoption du costume suivant, pour tous les coureurs prenant part aux courses organisées sous son règlement :

Un maillot de jambes noir, formant culotte, et descendant à volonté au-dessus ou au-dessous du genou ;

Un maillot de corps avec manches longues ;

Une toque, genre jockey ;

Des chaussettes noires ;

Des souliers noirs, décolletés, avec talon très bas.

C'est le *minimum* du costume, auquel le coureur a, bien entendu, le droit d'ajouter quelque chose, par exemple de mettre des gants, un foulard ou des bas, s'il a froid, voire même une veste qu'il peut ôter à volonté.

L'Union vélocipédique a voulu que le maillot de

jambes et les chaussettes fussent *noirs*, cette couleur étant la plus pratique et celle qui semble la plus uniformément propre.

Les maillots et toques peuvent, au contraire, être de couleurs variées, et c'est par cette variété même que les coureurs se distinguent les uns des autres.

A cet égard, les sociétés se reconnaissent à leur toque, qui est uniforme pour tous les membres, et, dans chaque société, les coureurs se désignent par leurs maillots qui diffèrent.

Pour rendre les couleurs officielles, les sociétés et les coureurs n'ont qu'à les *déposer* au siège de l'Union et personne ne peut plus prendre les couleurs déjà choisies.

Grâce à cette réglementation, qui a été jugée la meilleure, même par ceux qui ne font pas partie de l'Union et qui l'ont cependant adoptée, les coureurs ont enfin une tenue qui concilie la convenance dans la forme avec l'aisance des mouvements, et qui a créé l'uniformité nécessaire, sans exclure la variété.

LES PISTES

De même qu'un cheval de courses ne peut déployer ses moyens que sur un terrain spécial présentant les conditions voulues d'étendue et de qualité du sol, de même les courses de vélocipèdes ne peuvent avoir un véritable intérêt que si elles sont données sur des pistes construites pour cet usage exclusif.

C'est ce qu'ont très bien compris depuis longtemps nos voisins les Anglais, qui ont établi chez eux les premières pistes vélocipédiques et qui ont depuis fait du perfectionnement de ces pistes une étude approfondie;

aussi sont-ils arrivés à construire des pistes qu'on peut regarder comme l'idéal du genre.

L'Angleterre a donné l'exemple sous ce rapport aux autres nations et a été suivie dans cette voie par l'Allemagne, l'Amérique, l'Australie, la Hollande, qui possèdent des pistes vélocipédiques excellentes. Toutes les pistes anglaises et étrangères sont construites à peu près selon les mêmes données et se composent de deux lignes droites et de deux virages.

Les parties qui sont les plus importantes à surveiller et les plus difficiles à bien exécuter sont les *virages*.

Pour éviter les effets de la force centrifuge qui dans les tournants oblige les coureurs à se pencher en dedans et les menace de voir leurs roues déraper, les virages doivent être *relevés* de la corde à l'extérieur dans des proportions d'inclinaison d'autant plus grandes que les virages sont plus courts.

En un mot, il faut que la machine reste constamment perpendiculaire au sol, aussi bien dans les virages que dans les lignes droites, quelle que soit sa vitesse.

Avec des virages convenablement relevés, le vélocipédiste conserve un coup de pédale uniforme et régulier, exigeant un effort toujours égal des deux jambes ; il peut, en outre, pousser à fond avec confiance et sans craindre de sentir sa roue glisser de côté.

Sur les virages non ou insuffisamment relevés, le vélocipédiste est obligé de pousser d'une jambe plus que de l'autre pour corriger l'inclinaison de la machine, et il est toujours exposé au danger de déraper, ce qui lui enlève une partie de ses moyens en compromettant sa sécurité.

Il n'est possible de juger la force relative des coureurs, au point de vue sportif, que sur des pistes irréprochables.

En effet, les pistes doivent être installées de manière à favoriser la vitesse dans la plus grande proportion possible et à diminuer de même le côté périlleux ou acrobatique.

Aussi arrive-t-il souvent que, sur des pistes dangereuses, ayant un sol mauvais ou des virages difficiles, la victoire reste, non au coureur qui a le plus de valeur et de vitesse, mais à celui qui est le plus audacieux et le plus brutal.

Le premier, en effet, gêné par le mauvais état du sol, ne peut profiter de ses qualités de vitesse et se trouve paralysé par la crainte d'une chute dans les virages défectueux.

Le second, au contraire, pousse à fond tout le temps sans s'inquiéter des obstacles et, s'il peut sauver la chute, arrive premier, tandis qu'il eût été battu sur un bon terrain.

D'autre part, les mauvaises pistes empêchent toute tactique dans les courses, ce qui est contraire à l'esprit même de l'institution.

Aussi, les courses de vélocipèdes ayant pour but de faire briller le talent et la vitesse, non la témérité et le mépris des obstacles, les pistes vélocipédiques doivent-elles être amenées le plus près possible de la perfection, si l'on veut obtenir un sport intéressant et régulier dans ses résultats.

La piste vélocipédique, pour répondre à toutes les exigences, doit être construite selon des données scientifiques ; il faut apporter les plus grands soins aux moindres détails, non seulement de sa forme et de sa surface, mais encore et principalement de ses fondations, qui doivent être établies très fortement si l'on veut que la piste soit durable.

Il s'agit d'obtenir, en effet, non seulement que le sol soit parfaitement uni, mais encore que la surface, sans être trop dure, soit cependant assez résistante pour ne pas permettre aux roues d'y imprimer leur trace. Il importe aussi que le terrain soit le moins attaquable possible par la pluie, la chaleur ou la gelée ; que la piste soit installée de telle sorte que l'eau n'y séjourne pas, que l'écoulement en soit facile et que la surface sèche rapidement. Ce sont autant de conditions nécessaires qui ont fait l'objet d'études spéciales et que doivent connaître les ingénieurs qui sont chargés de construire les pistes vélocipédiques.

La surface des pistes est de nature variable.

On emploie souvent le *mâchefer*, qui est doux et élastique, mais a l'inconvénient de laisser des traces indélébiles sur la peau, par un véritable tatouage de toute écorchure ou contusion occasionnée par une chute.

La *brique pilée* donne de très bons résultats. Quelquefois on emploie ces deux éléments mêlés ensemble, auxquels on joint encore de la cendre.

Le *ciment* est parfait au point de vue du roulement, mais trop dur et, de plus, il se désagrège par suite des intempéries.

L'*asphalte* est très doux, mais trop mou par les temps de chaleur et trop glissant lorsqu'il est mouillé.

Le *bitume* est plus résistant et moins glissant, mais, par sa surface raboteuse, occasionne des lésions graves en cas de chute.

Le *macadam*, quand il est bien fait, est excellent, mais il se détrempe facilement à la pluie et forme rapidement de la boue.

Le *bois* est excessivement roulant, mais il est glissant quand il est mouillé et, de plus, devient inégal par suite de l'influence de la pluie et de la chaleur.

Toutefois le *pavé de bois,* qu'on n'a pas encore employé pour les pistes, doit être excellent au point de vue du roulement et échapper aux deux défauts du glissement et du jeu dans le bois ; malheureusement, il est très coûteux.

En résumé, on pourra employer l'asphalte et le bois dans les pistes couvertes et à l'abri des intempéries. Quant aux pistes découvertes, on se servira, selon les pays et les climats, des matériaux qu'on jugera pratiques.

Au point de vue des dimensions, on devra dans tous les cas adopter une longueur qui corresponde avec les mesures adoptées dans le pays.

Ainsi, en Angleterre, les pistes sont construites de façon à donner exactement deux, trois, quatre, cinq, six, etc., tours au *mile,* mesure type. De cette manière les pointages deviennent très faciles.

En France, la mesure qui devra servir de modèle sera le *kilomètre*, dont les pistes devront emprunter une subdivision exacte.

Ainsi la longueur idéale semble être de 500 mètres, soit deux tours exactement au kilomètre.

Quant à la forme, il semble que cette distance doive être répartie entre deux lignes droites de 150 mètres chacune et deux virages de 100 mètres de développement chacun.

Cette dimension donne de très grandes commodités pour les pointages, chaque kilomètre étant contrôlé au poteau même d'arrivée ; de plus, elle est très favorable aux vitesses et permet d'accomplir les virages à grande vitesse, tout en laissant un espace suffisant pour l'enlevage final.

Si l'on ne peut obtenir 500 mètres, il faudra descendre à 400 mètres, soit cinq tours pour 2 kilomètres, ce qui est encore une mesure très commode. Au-dessous, on devra descendre à 333^{m},33, ce qui donnera juste trois tours au kilomètre. Mais cette dimension commencera à être bien faible.

Au-dessous de cette longueur, une piste serait insuffisante en ne permettant pas aux coureurs de déployer leurs moyens ni de se dépasser dans les lignes droites, la chose étant impossible dans les virages. On risquerait donc d'obtenir souvent des résultats faussés.

En aucun cas, les pistes ne devraient avoir une fausse mesure et pourtant le cas est fréquent en France où l'on voit des pistes de 272, de 375, de 416 ou de 527 mètres, etc., ce qui rend les pointages des distances intermédiaires dans les courbes à peu près impossibles.

Quant à la largeur, une piste devra avoir au moins 6 mètres, afin de permettre à quatre tricycles de passer de front. Une largeur supérieure sera préférable, surtout dans le dernier virage et la ligne d'arrivée, où se passe la lutte finale.

Pour prendre la dimension d'une piste, il faut toujours la mesurer à 50 centimètres de la corde. C'est, en effet, là que passent en moyenne les coureurs de tête.

Une piste devra être construite autant que possible dans un endroit abrité du vent, cet élément ayant une influence décisive sur les vitesses et sur les résultats des courses.

Une piste bien agencée devra être munie d'un certain nombre de constructions accessoires, soit pour le public, soit pour les coureurs, soit pour les organisateurs.

Pour le *public*, il devra y avoir des *tribunes* abritées contre la pluie et, autant que possible, orientées de façon à ne pas recevoir de face ou de côté les rayons du soleil ;

Un *buffet*, des *cabinets d'aisances*.

Il serait utile d'avoir, en outre, un *hangar* pour mettre à l'abri les machines des vélocipédistes qui arrivent montés ;

Enfin, des *tableaux* indiquant les noms des coureurs partants avec leurs numéros.

Pour les *coureurs*, il faut une grande *salle de réunion* fermée et chauffée, avec *vestiaire* et *lavabos*, afin qu'ils puissent se reposer, se sécher, changer de vêtements ou faire leur toilette selon les cas ; un *buffet*, des *cabinets d'aisances*, un *remisage* pour les machines, couvert et communiquant avec la salle de réunion ; enfin, sur la piste, un *tableau* indiquant pendant la course le nombre de tours de piste restant à accomplir.

Pour les *organisateurs*, il devra y avoir une *salle de réunion* spéciale, une *tribune* pour le juge à l'arrivée, et une autre pour les pointeurs, en face du poteau d'arrivée.

Quant à la *clôture* de la piste, la question est différente selon qu'il s'agit de l'extérieur ou de l'intérieur de la piste.

A l'*extérieur*, la clôture devra être de telle nature que le public ne puisse pas la franchir.

A l'*intérieur*, il ne devrait pas y avoir de clôture et la piste devrait être simplement délimitée par le gazon qui doit former le centre de la piste et qui doit être *au même niveau* que la piste elle-même, afin, si un coureur tombe, de permettre à celui qui le suit d'éviter une chute en s'échappant au milieu de la piste.

D'ailleurs, dans une piste bien organisée, le public ne doit en aucun cas être admis à l'intérieur, exclusivement réservé aux juges et aux membres de la presse.

De cette manière, le public n'a pas la vue masquée et peut suivre toutes les péripéties de la course, en même temps que les organisateurs restent libres dans l'exercice de leurs fonctions.

Lorsque, par suite de l'absence d'une piste spéciale, les courses seront données sur une place publique et qu'on sera obligé de mettre partiellement le public à l'intérieur de la piste, les virages ne devront pas être clôturés, mais simplement tracés à terre avec de la chaux; en effet, les coureurs en s'inclinant au virage pourraient accrocher la clôture avec leurs guidons, ce qui entraînerait de mauvaises chutes.

Les lignes droites pourront seules être clôturées à l'intérieur, mais alors la clôture devra être placée à une certaine distance de la piste, afin que les coureurs ne puissent pas accrocher avec leurs guidons les spectateurs qui ont l'habitude de se pencher par-dessus la clôture.

Lorsque les courses seront données sur une ligne droite avec virage sur place, l'installation sera très différente et beaucoup moins compliquée.

Dans ce cas, les poteaux indiquant les virages devront être précédés chacun d'un autre poteau placé à 25 mètres et à partir duquel les coureurs ne devront plus chercher à se dépasser, afin d'éviter une bousculade au virage.

Ainsi qu'il a été dit plus haut, l'Angleterre a inauguré la construction des pistes vélocipédiques et a été rapidement suivie dans cette voie par d'autres pays.

En France, Bordeaux est la première ville qui ait établi une piste permanente. Son exemple a été suivi par plusieurs autres villes. Quelques pistes ont déjà été construites et plusieurs autres sont en projet dans différentes localités, mais aucune d'elles n'égale en dimensions et en perfection d'installation les pistes étrangères.

Il ne reste donc plus qu'à souhaiter que la France, et spécialement Paris, possède enfin une piste vélocipédique digne de ce nom et sur laquelle on puisse faire véritablement œuvre de sport.

CHAPITRE XV

LA VÉLOCIPÉDIE MILITAIRE

Étant données les qualités de vitesse inhérentes au vélocipède et la longueur des étapes qu'un homme bien entraîné peut fournir sans fatigue appréciable, il fallait s'attendre à ce que le ministère de la Guerre s'occupât des services que le vélocipède pouvait rendre à l'armée aussi bien en temps de paix qu'en temps de guerre.

Aussi, en 1886, de premiers essais ont-ils été tentés lors des grandes manœuvres du 18e corps, commandé par le général Cornat.

Avant d'attacher officiellement des vélocipédistes à l'armée, on fit une première expérience avec le concours de vélocipédistes volontaires.

L'appel fut entendu et de nombreuses propositions furent faites au ministère de la Guerre.

Il est bon de rappeler ici les noms des vélocipédistes volontaires qui furent choisis, qui eurent l'honneur de prendre part aux premières expériences de vélocipédie militaire en France et de coopérer largement, par leur exemple, à l'adoption définitive de cette branche si intéressante de la défense nationale.

Ce furent MM. :

Rousset, de Bordeaux ;

Payet, de Lyon ;

Médinger, de Paris ;

Giraud, de Paris ;

Suarez, de Pau.

L'expérience fut couronnée d'un plein succès et donna des résultats inattendus, qui stupéfièrent les officiers chargés de ce service.

La supériorité des vélocipédistes sur les cavaliers, spécialement au point de vue de la transmission des ordres à grande distance, fut écrasante, chaque vélocipédiste ayant fait un service équivalant à celui de trois ou quatre cavaliers.

L'emploi des vélocipédistes constituait donc une économie importante.

A la suite de cette expérience concluante, la vélocipédie fut officiellement introduite dans l'armée et, depuis ce temps, les grandes manœuvres sont constamment suivies par un service de vélocipédistes.

La vélocipédie a en outre été employée pour le service des places, et, à Paris notamment, elle rend de grands services. A chaque instant on croise des vélocipédistes en costume militaire, qui filent silencieux et rapides, portant les ordres sur tous les points de la capitale.

Les services des vélocipédistes militaires en temps de paix ont été reconnus indiscutables ; mais on a beaucoup contesté leur utilité en temps de guerre, alors que les routes seraient encombrées par des troupes innombrables et défoncées par la cavalerie et l'artillerie, principalement dans la mauvaise saison et dans les pays très accidentés.

On a également longuement disserté sur le rôle que les vélocipédistes militaires seraient appelés à jouer en campagne. Les uns veulent en faire des éclaireurs et leur faire suppléer la cavalerie dans ce rôle toutes les fois que cela sera possible ; d'autres veulent les confiner au simple rôle d'estafettes pour relier entre eux les corps d'armée.

On a beaucoup discuté la question de l'armement et de l'habillement.

Ce n'est pas ici l'endroit de rééditer ces discussions ; il suffit de les mentionner. Aux hommes techniques à les étudier de près et à les trancher au mieux des intérêts du pays.

En tout cas, il est une constatation utile à faire :

Si les vélocipédistes militaires volontaires dont les noms sont cités plus haut ont obtenu de si beaux résultats, c'est qu'ils étaient tous habiles, expérimentés et entraînés.

Trop souvent, depuis lors, il n'en a pas été de même et trop souvent on a pris sans examen des novices, dont quelques-uns même n'avaient auparavant jamais monté à vélocipède et qui louaient une machine pour la circonstance, trouvant plus amusant d'accomplir ainsi leur période de service militaire que de servir dans le rang.

Les exhibitions qui résultèrent d'un tel état de choses

ont maintes fois causé une pénible impression aux vélocipédistes sérieux et déprécié devant le public la cause de la vélocipédie militaire.

Aussi des abus n'ont-ils pas tardé à se produire et l'insuffisance notoire de quelques-uns a-t-elle été la cause d'une réglementation nouvelle de la part de l'autorité militaire.

Le tricycle, machine employée tout d'abord, fut interdit et remplacé par la bicyclette.

Grâce au tricycle, en effet, le premier novice venu pouvait se présenter comme vélocipédiste : il causait par sa maladresse de nombreux accidents de personnes sans arriver à faire son service, et les machines étaient rapidement hors d'usage.

En adoptant la bicyclette, on forçait les vélocipédistes militaires à avoir un certain degré d'habileté, mais cela était encore insuffisant; car certains prenaient hâtivement quelques leçons et, sitôt qu'ils savaient monter à peu près, se croyaient capables de faire le service si difficile qu'entraîne la marche dans une ville comme Paris.

Là n'était pas le remède. Ce n'était pas, en effet, la *machine* qu'il fallait viser, mais l'*homme* qui la monte. Il importe peu qu'on se serve d'une machine ou de l'autre, pourvu que le service soit fait.

Or, en interdisant le tricycle pour imposer la bicyclette, on rendait le service à Paris quelquefois très dangereux, voire même complètement impossible dans certaines conditions et dans certains quartiers.

On sait, en effet, que sur l'asphalte boueux ou le pavé gras le maniement de la bicyclette est très difficile, sinon impraticable. C'est donc aller à l'encontre du but que d'imposer cette machine à tous les vélocipédistes militaires.

Il n'y a qu'une méthode réellement pratique pour assurer le service des vélocipédistes militaires : ne prendre que des hommes expérimentés et ayant fait leurs preuves, et leur laisser ensuite la liberté de choisir leur machine.

Par un temps sec, ils emploieront la bicyclette qui est plus rapide et plus maniable; ils prendront le tricycle quand il pleuvra et que le sol sera gras, spécialement quand ils devront aller dans les quartiers pavés.

Le livret individuel créé par l'Union vélocipédique de France pourra désormais être d'une grande utilité dans le recrutement des vélocipédistes militaires.

Pour que ceux-ci, en effet, puissent rendre les services qu'on attend d'eux, il faut qu'ils forment un corps d'élite où chacun soit une valeur individuelle.

Ce qui est vrai pour le simple vélocipédiste militaire l'est encore beaucoup plus pour les officiers chargés de les commander.

Il faudra que ceux-ci soient aussi habiles et expérimentés comme vélocipédistes et plus savants que leurs hommes.

C'est le contraire qu'on a trop souvent vu jusqu'ici, et maintes fois les concours pour l'admission des vélocipédistes militaires ont été passés devant des juges dont l'incompétence était absolue; aussi n'est-il pas étonnant que souvent les vélocipédistes militaires aient été enclins à avoir peu de respect pour des chefs qu'ils sentaient leur être notablement inférieurs et qui, au lieu d'être capables d'enseigner, eussent eu au contraire tout à apprendre d'eux.

Il est absolument nécessaire qu'un tel état de choses cesse au plus vite, dans l'intérêt du respect de la hiérarchie militaire.

Les choses sont du reste en bonne voie dans ce sens et l'École militaire de gymnastique et de tir, à Joinville, possède une section de vélocipédistes où la théorie et la pratique de la machine sont étudiées de façon à permettre au corps des vélocipédistes militaires d'égaler bientôt en valeur l'ensemble des autres armes.

A ces conditions seulement la vélocipédie militaire sera définitivement constituée et pourra donner tout son rendement utile.

C'est un résultat qu'il faut souhaiter de voir se réaliser promptement, pour nous mettre au niveau de plusieurs autres nations chez lesquelles cette partie est beaucoup plus avancée qu'en France.

CHAPITRE XVI

LES ACCIDENTS

Un des grands reproches qu'on fait au vélocipède est celui de la multiplicité des accidents qu'il entraîne, soit pour les vélocipédistes eux-mêmes, soit pour le public.

Cet argument a même provoqué de la part des autorités, dans maints endroits et à différentes époques, des mesures de rigueur ou de restriction dans la liberté de la circulation vélocipédique. Il est vrai que, depuis quelque temps, on s'est beaucoup départi de ce rigorisme devant l'évidence des faits, qui a montré d'une façon péremptoire que le vélocipède était beaucoup moins dangereux qu'il ne le paraissait de prime abord.

En effet, le nombre et surtout la gravité des accidents

causés par le vélocipède sont fort exagérés par l'opinion publique et ne méritent pas en général l'attention excessive qu'on leur prête.

Ces accidents peuvent affecter soit le public, soit les vélocipédistes.

Pour le *public*, ils se résument d'ordinaire en une collision où le piéton en est quitte pour la peur et pour une bousculade plus ou moins forte. Il risque des avaries de vêtements et quelquefois des contusions ou une chute sans importance.

Il est très rare, en effet, que le piéton fasse une chute entraînant des blessures graves, telles que la fracture d'un membre. Quant à la mort, il faut un concours de circonstances si malheureux pour la provoquer qu'on en cite seulement quelques cas comme des exceptions encore plus rares.

Il peut arriver qu'un vélocipède effraye un cheval monté ou attelé, qui s'emballe, désarçonne son cavalier ou renverse la voiture. Alors les conséquences peuvent être plus graves ; mais le cas est heureusement peu fréquent, car les chevaux s'habituent rapidement à la vue des vélocipèdes.

Du côté des *vélocipédistes* les accidents ont des causes multiples. Outre les collisions avec des piétons ou des voitures, il faut citer les nombreux accidents causés par des chiens, qui souvent se jettent dans les roues des vélocipèdes ou sautent après les jambes de ceux qui les montent.

Il faut noter également les accidents causés par la rupture d'une pièce de la machine, spécialement à la tête des bicycles, à la douille ou aux fourches de devant des bicyclettes, au pont supportant l'axe des tricycles, aux tiges ou tubes de support de selle, aux freins, parties souvent trop faibles, même dans les machines des marques les plus célèbres.

Du reste, chaque machine présente à ce sujet des causes d'accidents qui lui sont spéciales.

En *bicycle*, les accidents proviennent principalement de la perte de la pédale qui entraîne presque infailliblement une chute, d'un trou mal bouché, d'une pierre qu'on n'a pas vue, d'un caniveau trop profond, d'un rail de tramway dans lequel on s'est engagé et d'où l'on ne peut sortir, d'une ornière mal évitée, d'un manque de précautions à une descente, etc.

En *bicyclette*, les accidents sont dus ordinairement au dérapage de la roue de derrière, soit sur les terrains gras ou dans un virage mal fait, soit par suite d'une ornière ou d'un rail de tramway où l'on s'est engagé. Ce dernier accident n'est plus à craindre avec les pneumatiques. Ils peuvent provenir aussi du choc de la pédale contre un trottoir qu'on a serré de trop près, ou contre une pierre trop grosse qu'on n'a pas évitée, de l'enroulement fortuit d'un fil de fer autour de la chaîne ou du moyeu de derrière, de l'introduction d'un caillou entre le caoutchouc et la fourche de devant, etc., enfin, d'un moment de distraction dans la direction, surtout si l'on ôte les mains.

En *tricycle*, presque tous les accidents viennent d'un virage mal pris qui peut faire verser la machine.

D'ailleurs, le vélocipédiste peut éviter la grande majorité des accidents cités plus haut, avec un peu d'habileté et beaucoup de prudence.

La plupart des accidents arrivent, en effet, aux novices ou aux incorrigibles qui s'entêtent à monter à une allure folle sur le terrain gras ou dans les endroits fréquentés, soit par manie, soit dans le but d'éblouir la galerie. Les accidents qui peuvent leur arriver ne sont donc que la juste punition de leur sotte témérité.

D'autre part, le plus grand nombre des accidents graves est la conséquence des courses et de l'entraî-

nement. Dans ce dernier cas, en effet, il s'agit de donner à l'essai son maximum d'effort pour expérimenter ses forces, et en course il faut employer tous les moyens légaux pour arriver premier. On marche donc à une allure excessive et dans des conditions qui augmentent beaucoup le danger et qui obligent le coureur à négliger la plupart des règles de la prudence.

La vélocipédie ne saurait pas plus être responsable de ces accidents que l'équitation de ceux qui arrivent aux jockeys.

En résumé, même pour le vélocipédiste, les accidents sont la plupart du temps sans gravité et se résument en avaries de machines ou de vêtements et en quelques contusions et écorchures plus ou moins profondes.

La gravité de la chute dépend de bien des circonstances parmi lesquelles l'état du sol est une des principales. On comprendra, en effet, qu'une chute dans un terrain mou ou sablonneux aura des conséquences moins sérieuses que si elle s'était produite sur un sol dur ou raboteux.

La vitesse peut influer aussi sur la gravité de la chute; mais cet élément est très variable dans ses effets, car souvent des chutes faites en pleine vitesse n'ont eu que des conséquences insignifiantes, tandis que d'autres faites à une allure très modérée ont occasionné des blessures importantes.

En somme, le vélocipède, considéré comme mode de locomotion, est bien moins dangereux que beaucoup d'autres, tels que les voitures, les omnibus, le cheval ou le bateau, et, comme sport, il présente bien moins de périls que nombre d'autres, par exemple l'équitation, la natation, l'escrime, etc., contre lesquels personne ne proteste et que chacun, au contraire, préconise.

HYGIÈNE ET THÉRAPEUTIQUE

En matière d'hygiène, le vélocipédiste ne saurait trop se pénétrer des règles excellentes posées par le Dr Tissié, dans l'ouvrage spécial qu'il a consacré à ce sujet sous le titre d'*Hygiène du vélocipédiste*. On y trouvera la question traitée à fond, avec une entière compétence.

Voici, d'autre part, quelques indications précieuses données par le Dr Dupuy (de Fenelle) dans sa brochure : « Conseils pratiques de santé et premiers secours à donner en cas d'accidents avant l'arrivée du médecin. »

Chute, contusion. — Appliquer sur la partie malade des compresses imbibées d'eau fraîche additionnée d'extrait de Saturne (quinze à vingt gouttes par verre d'eau) ou de teinture d'arnica, de vinaigre, d'eau-de-vie ou d'eau salée.

Boire par petites gorgées de l'eau fraîche avec quelques gouttes d'arnica; les jours suivants, de l'infusion de menthe poivrée.

Foulure, entorse. — Éviter avec soin de faire exécuter au membre foulé un mouvement brusque ou étendu, ce qui pourrait aggraver sensiblement le mal. Plonger le membre foulé dans un vase d'eau fraîche additionnée d'un peu d'extrait de Saturne; l'y laisser au moins une heure; renouveler l'eau lorsqu'elle s'échauffe. Si l'on ne peut plonger le membre foulé dans l'eau, l'envelopper de compresses imbibées d'eau, entretenues fraîches par un arrosage continuel. Prendre des précautions si le blessé est en état de sueur.

Luxation, fracture. — Éviter avec soin tout mouvement du membre blessé; transporter le malade avec de grandes précautions.

En cas de fracture du bras, de l'avant-bras ou de la main, rapprocher le membre du corps et le soutenir avec une écharpe dans la position la moins pénible pour le blessé.

S'il s'agit de la cuisse ou de la jambe, placer doucement le malade sur un lit ou un brancard, étendre le membre blessé sur un oreiller et l'y attacher avec quelques rubans. On peut encore rapprocher le membre blessé du membre sain, les unir ensemble dans toute leur longueur sans les serrer, le second devant servir à soutenir le premier. Soutenir le pied pour l'empêcher de tomber en dedans ou en dehors.

Blessures graves. — Relever avec précaution le blessé et le transporter sur un brancard à l'endroit le plus proche où il pourra recevoir des soins.

Plaie. — Découvrir doucement la plaie; couper, s'il le faut, avec des ciseaux les vêtements qui la recouvrent. Laver la plaie avec une éponge ou un linge imbibé d'eau fraîche pour enlever le sang ou les corps étrangers. Fermer ensuite la plaie à l'aide d'un linge fin et d'un gâteau de charpie entouré d'une compresse et d'une bande.

Perte de sang, hémorragie. — Chercher à l'arrêter en appliquant sur la plaie des morceaux d'amadou ou des gâteaux de charpie, soutenir avec la main ou avec un bandage comprimant sans excès. Si l'hémorragie est violente, exercer une forte pression sur l'endroit d'où part le sang, appliquer ensuite un bandage comme il est dit ci-dessus.

Crachement ou vomissement de sang. — Placer le blessé sur le dos ou le côté correspondant à la blessure, la tête et la poitrine relevées et soutenues; lui faire prendre de l'eau fraîche par petites gorgées. Appliquer des compresses trempées d'eau fraîche sur la poitrine ou le creux de l'estomac.

Syncope, évanouissement, étourdissement, vertige. — Coucher le malade sur un lit ou à terre, la tête au niveau du corps, desserrer ses vêtements et l'exposer à un courant d'air frais. Lui faire respirer de l'éther, du fort vinaigre ou un peu d'ammoniaque. Si l'évanouissement persiste, poser un sinapisme Rigollot sur le côté interne du mollet gauche. Frictionner les tempes et le nez avec du vinaigre. L'étourdissement sera prévenu par une cuillerée à café d'eau de mélisse ou un morceau de sucre imbibé de cette eau.

Fièvre. — Couper la fièvre avec le sulfate de quinine. Dans les pays à fièvre, prendre chaque matin un petit verre de vin de quinquina.

Bronchite, rhume de poitrine, refroidissement. — Se tenir chaudement, calmer la toux avec une pâte pectorale, prendre de la tisane de bourrache ou de fleurs de violette pour transpirer.

Mal de gorge. — Se couvrir chaudement le cou et garder la chambre. Prendre de la tisane de feuilles de ronce, de mauve ou de violette. Prendre chaque heure une pastille de chlorate de potasse. Contre l'inflammation des amygdales, employer un gargarisme adoucissant.

Rhume de cerveau. — Au début du rhume, respirer plusieurs fois, pendant quelques minutes, de l'ammoniaque liquide ou de la teinture d'iode.

Colique. — Appliquer sur le ventre un cataplasme bien chaud ou une serviette chaude; boire une infusion d'anis, de badiane ou de camomille. Les coliques violentes sont souvent calmées par trois à cinq « perles de chloroforme » avalées dans un peu d'eau froide.

Diarrhée. — Cette indisposition vient souvent d'un excès de chaleur ou de fatigue. Prendre de la poudre de sous-nitrate de bismuth, à divers intervalles. Observer la diète; éviter les fruits, les légumes verts; boire de l'eau de Saint-Galmier aux repas; prendre de l'infusion de camomille, du thé, des grogs au rhum sans excès. Porter une ceinture de flanelle.

Mal d'estomac, de cœur, indigestion. — Dans ces cas, lorsqu'ils sont passagers, prendre de l'infusion de camomille.

Clou, furoncle. — Faire des lotions sur la partie malade avec de la liqueur concentrée de goudron, boire quatre à cinq fois par jour une cuillerée à café de cette liqueur dans un verre d'eau. Prendre un léger purgatif.

Courbature. — Prendre un bain chaud d'une heure. Frictionner matin et soir, avec une petite cuillerée d'arnica ou de rhum, le mollet et la jambe.

Coup de soleil. — Le frotter avec du beurre ou un blanc d'œuf battu en neige.

Coupure. — Quand le sang est arrêté, rapprocher les bords de la plaie, les maintenir avec un morceau de taffetas gommé ou des bandes de sparadrap passées devant le feu pour les amollir et les rendre collantes.

Brûlure. — Conserver et replacer avec soin les parties d'épiderme soulevées ou arrachées. Percer les ampoules avec une aiguille. Couvrir la partie brûlée avec un linge fin enduit de cérat ou trempé dans de l'huile d'amandes douces. Placer sur ce linge des compresses imbibées d'eau fraîche; les arroser fréquemment.

Mal de dents. — S'il s'agit d'une dent gâtée, mettre dans la cavité de la dent une boulette de coton imbibée de laudanum, de chloroforme ou de teinture d'iode.

S'il s'agit d'un état général d'inflammation des gencives ou d'une fluxion, se gargariser longuement avec une décoction de racine de guimauve additionnée d'une tête de pavot. Se mettre dans l'oreille une boulette de coton imbibée de « baume tranquille » ou bien d'un mélange de quatre parties d'huile et d'une partie de chloroforme.

Morsure, piqûre d'animaux. — En cas de blessure légère, comme celle d'une abeille, verser sur la plaie une goutte d'ammoniaque liquide ou d'acide phénique. S'il s'agit d'un serpent, appliquer sur la plaie une forte ventouse et verser ensuite un peu d'ammoniaque. Si l'on est mordu loin de sa demeure, laver la blessure avec de l'ammoniaque ou de l'eau fraîche et serrer fortement le membre au-dessus de la blessure à l'aide d'une ficelle dont on fera sept ou huit tours et qu'on nouera ensuite.

Si l'on est mordu par un chien enragé ou suspect de l'être, appliquer immédiatement la ventouse, puis cautériser avec le fer rouge, le seul vrai remède.

CHAPITRE XVII

QUELQUES CONSEILS

Il est un certain nombre de règles générales qu'il est bon d'observer et qui concernent, soit le vélocipédiste débutant, soit celui qui est déjà exercé.

Voici, entre autres, quelques conseils utiles à suivre :

Prendre un *bon professeur* pour apprendre à monter en machine. Il est très facile d'aller en bicycle et en bicyclette après un peu d'exercice, mais cela semble extrêmement difficile au début, tant qu'on n'a pas trouvé l'assiette nécessaire pour se tenir sur ces machines. Avec l'aide d'un bon professeur, on évite les chutes obligées des débuts et l'on arrive rapidement à une habileté suffisante pour bien marcher seul, sans avoir essuyé les accidents qui souvent rebutent les débutants et les éloignent de la vélocipédie, faute d'avoir un peu de patience ou quelques bons conseils.

N'*acheter une machine* que quand on est déjà d'une certaine force et qu'on a quelque compétence. Autrement, on démolit sa machine dans les chutes du début et l'on s'expose à des réparations longues et coûteuses, ce qui pourrait avoir pour résultat de dégoûter les débutants de leur sport nouveau.

Ne *pas prêter* sa machine, même à ses amis. Si sévère que paraisse cette condition, elle est la principale sauvegarde de la machine.

Ne *pas démonter* sa machine pour le simple plaisir de voir comment elle est faite. A moins d'être d'une compétence spéciale, le vélocipédiste ne la remontera jamais bien. Au cas où cette opération sera nécessaire, en charger un fabricant.

Ne *faire réparer* sa machine que chez des fabricants ou mécaniciens spéciaux, et ne pas la confier à des serruriers dénués de compétence en matière de véloce.

Éviter les *remisages humides*, lorsqu'on doit être quelque temps sans se servir de sa machine. Si donc on n'a pas à sa disposition un remisage bien sec, il vaudra mieux mettre sa machine en pension chez un marchand de vélocipèdes, où elle sera en sûreté, que la laisser dans un endroit où elle pourrait se détériorer.

Peser sa machine à une bascule authentique, afin d'en connaître le poids exact; les marchands souvent n'accusent pas le poids réel.

Ne pas acheter de machine *trop légère*, ni *trop multipliée* pour la route, afin d'éviter les avaries et de se tenir dans une moyenne appropriée à la généralité des terrains.

Ne pas acheter de machine *à bon marché* et ne

prendre que des machines de marques d'une réputation hors de conteste, afin d'avoir une garantie sérieuse et d'éviter les nombreux inconvénients ou accidents provenant des machines à bas prix.

Ne pas regarder à une somme supplémentaire d'argent donnant une dose correspondante d'agrément et de sécurité.

CONCLUSION

La France est le pays privilégié par excellence pour la vélocipédie.

Aucune nation du monde, en effet, ne possède un réseau aussi complet et aussi varié de routes admirables et de chemins délicieux. Aucune ne peut montrer une telle variété de sites, autant de lieux d'excursions faciles, où l'on aborde sans grande peine et où l'on trouve tout ce qui est nécessaire pour continuer sa route dans de bonnes conditions.

La France est presque partout abordable pour le vélocipède et, à part les régions montagneuses qui sont l'exception, tout le reste du pays ne présente que des difficultés de terrain aisément surmontables pour un vélocipédiste de force ordinaire. D'autre part, le vélocipède est un mode si délicieux de locomotion que celui qui en a essayé est fatalement destiné à recommencer et à devenir un fervent de la pédale.

C'est une loi générale qui ne comporte pas d'exception, surtout depuis le perfectionnement inouï des machines actuelles, qui augmentent d'autant plus le plaisir qu'elles diminuent davantage la fatigue.

Aujourd'hui, l'ensemble des avantages de toute sorte est tellement supérieur aux quelques inconvénients qui peuvent encore subsister, qu'il n'y a plus aucune objection sérieuse à faire contre la vélocipédie.

Ce sport charmant est intéressant et hygiénique à la fois. Il a l'immense avantage de s'adresser à tous, sans distinction d'âge ni de force; chacun peut le pratiquer à sa façon et lui faire rendre le maximum de jouissances dont il est susceptible, selon l'usage qu'il veut en faire. Il est, en effet, mille manières de comprendre et de pratiquer la vélocipédie.

Les uns aiment le mouvement des villes et prennent plaisir à se plonger sur leur machine alerte et obéissante dans l'agitation des rues populeuses; d'autres préfèrent les solitudes des campagnes et la liberté des larges routes. Les uns passent comme des éclairs, le nez sur leur guidon, s'enivrant de vitesse et indifférents aux objets qui les entourent; pour eux, le vélocipède en lui-même est le but, le reste n'est rien; d'autres ne se servent du vélocipède que comme d'un moyen pour se rendre aux endroits où les appellent leurs fantaisies ou leurs occupations : pour eux, c'est le mode de locomotion le plus rapide et le plus avantageux.

On fait du vélocipède par goût, par hygiène, par économie, pour une foule de motifs qui sont des conséquences directes de ses applications variées.

Le plus curieux, c'est que tous les vélocipédistes, de quelque façon qu'ils pratiquent leur sport, y trouvent un égal plaisir.

On « s'amuse » en vélocipède, dans le sens strict du mot, qu'on soit jeune ou vieux, fort ou faible.

Le vélocipède bannit l'ennui; c'est ce qui explique qu'on puisse faire seul en vélocipède des tournées interminables et qui sembleraient intolérables par tout autre mode de locomotion.

L'être entier est occupé dans ce sport charmant : le corps et l'esprit y trouvent chacun leur compte et cela dans un équilibre parfait, qui laisse à chacun sa dose de jouissances propre.

Les préjugés relatifs aux prétendus dangers du vélocipède ont disparu à leur tour. L'expérience a démontré que ce sport, fécond en accidents sans importance, a moins de conséquences graves et fait beaucoup moins de victimes que les autres sports, qu'on n'a pourtant jamais essayé de combattre par cet argument.

D'autre part, les préjugés tendant à montrer le vélocipède comme un sport dangereux pour la santé et nuisible au développement normal du corps sont détruits par les hommes les plus compétents, qui ont démontré le contraire de la façon la plus victorieuse.

En un mot, tous les obstacles qui se dressaient à son origine devant le sport nouveau, pour l'empêcher de prendre sa place parmi ses aînés, sont abattus successivement par la patience et l'opiniâtreté de ses adeptes.

Désormais, les objections se font de plus en plus rares; elles ne partent que des irréconciliables qui s'acharnent à rester aveugles volontaires, de ceux qui se mettent les poings sur les yeux et dans les oreilles plutôt que de voir et d'entendre des choses contre lesquelles ils n'ont aucun bon argument à objecter.

D'autres combattent la vélocipédie parce que, pour des raisons diverses, ils ne peuvent pas la pratiquer. C'est là réédition de la fable *le Renard et les Raisins*, et leur témoignage intéressé n'a pas grande valeur.

Un grand nombre encore opposent à la vélocipédie une force d'inertie qui se manifeste par une dédaigneuse abstention; mais leurs rangs s'éclaircissent chaque jour, et sous peu d'années leur armée sera disloquée par les défections qui s'y produisent d'une façon continue et dont la proportion augmente sans cesse.

Actuellement la vélocipédie est arrivée à un point où l'on peut très bien se rendre compte, d'après le chemin parcouru depuis quelques années, de l'avenir qui lui est réservé.

Il est de toute justice d'en reporter en grande partie l'honneur sur les efforts constants des vétérans de la vélocipédie, de ceux qui ont, dès le début, bravé pour elle tous les préjugés et lutté non seulement contre l'animosité ou l'indifférence publiques, mais encore contre le clan des vélocipédistes qui, par leur mauvaise tenue et par les mœurs acrobatiques qu'ils tendaient à donner au sport nouveau, semblaient s'être assigné la mission d'en dégoûter tous les gens sérieux.

Ce dernier groupe a toujours eu et a encore des représentants : c'est un mal inévitable dont il faut prendre son parti; mais le grand public sait maintenant distinguer l'ivraie du bon grain.

Les représentants de cette école sont donc désormais réduits à l'impuissance et voués au ridicule qu'ils méritent.

En présence de l'état actuel de la vélocipédie, on se demande par suite de quelle profonde aberration elle a pu être reçue à son début avec une telle indifférence ou combattue avec un tel acharnement.

On reste stupéfait en pensant qu'il suffit de remonter de quelques années en arrière pour se reporter à l'époque où (fait absolument historique) la foule des villes accablait de ses huées et les populations des campagnes poursuivaient à coups de pierres ceux qui avaient l'audace de se montrer sur un vélocipède avec des culottes courtes et des bas de laine.

Aujourd'hui, ces mêmes populations seraient étonnées de voir un vélocipédiste dans un autre costume.

Ainsi vont les choses, surtout dans notre pays primesautier et capricieux, où les revirements d'opinion sont soudains et inattendus.

La vélocipédie en a fait l'expérience; elle a commencé par la période des difficultés pour aboutir à la victoire définitive.

Aussi, au train où vont les choses, la vélocipédie est-elle appelée certainement dans un délai très rapproché à dépasser tous les autres sports par le nombre de ses adeptes et à prendre la première place parmi les exercices du corps. Le vingtième siècle est peut-être destiné, au point de vue physique, à s'appeler le *Siècle de la Vélocipédie.*

Table des Matières

La draisienne (1818).

PARIS
LIBRAIRIES-IMPRIMERIES RÉUNIES
2, rue Mignon. — 6063.

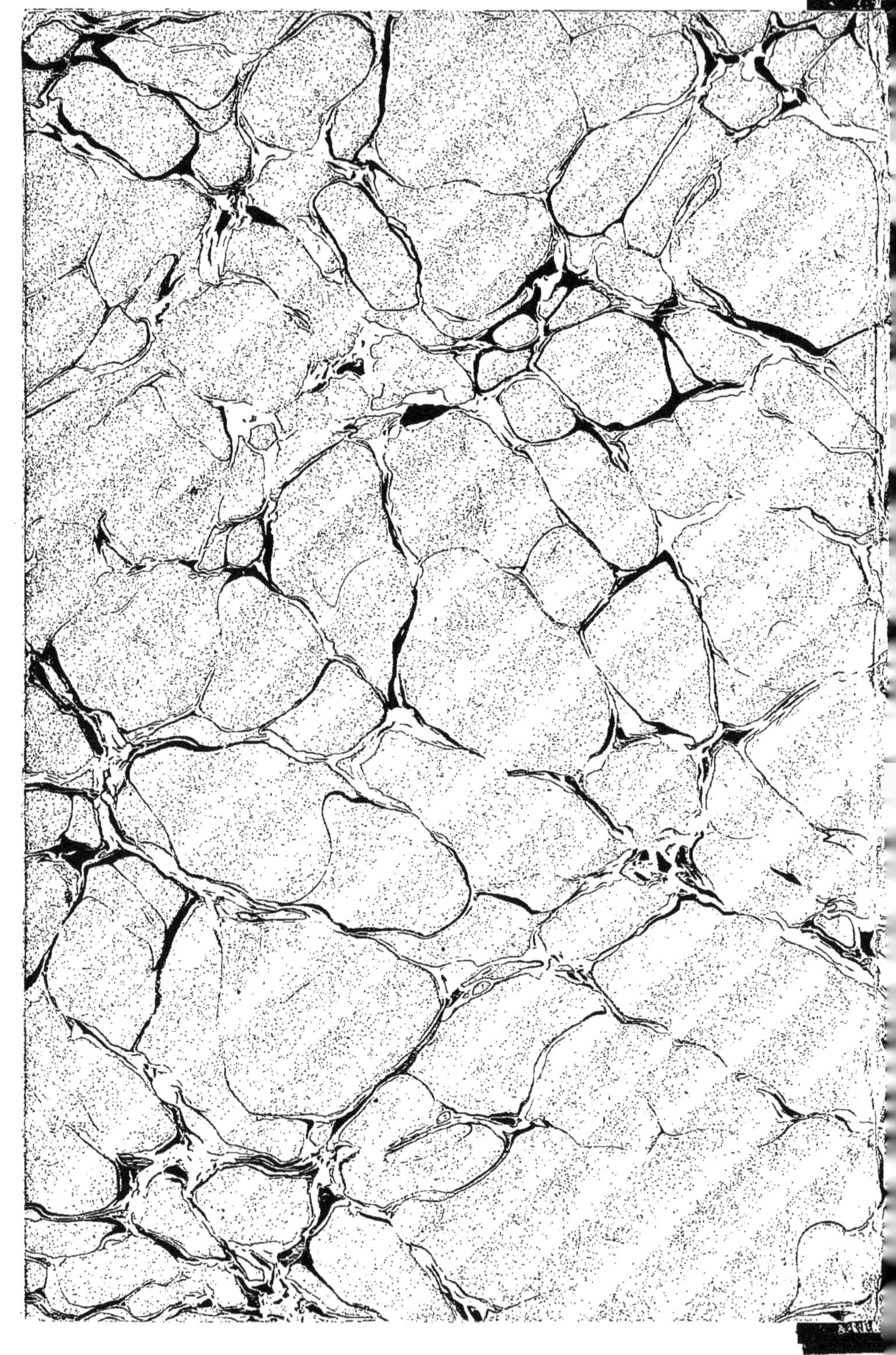

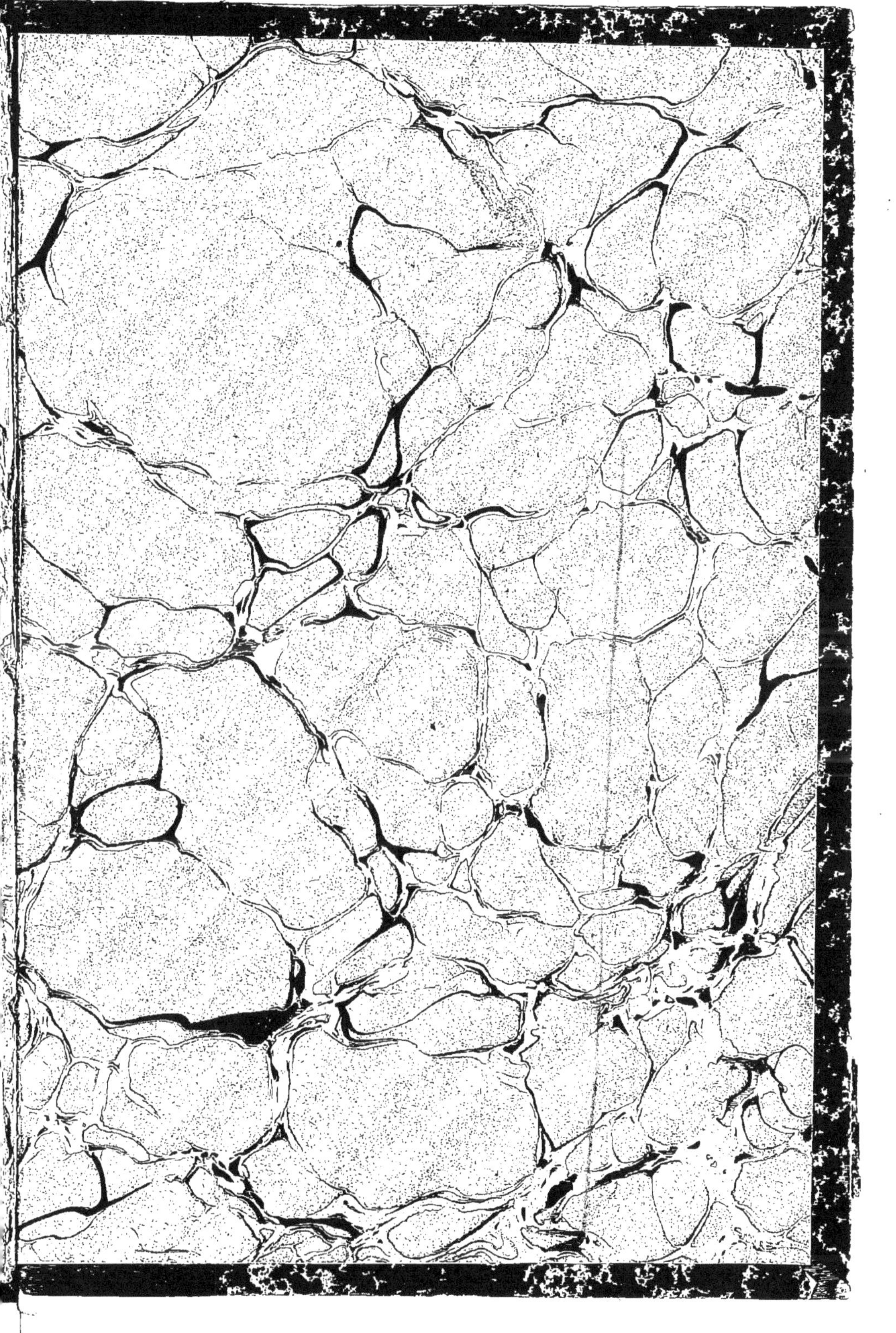

BIBLIOTHEQUE NATIONALE DE FRANCE
3 7502 01475776 1

www.ingramcontent.com/pod-product-compliance
Ingram Content Group UK Ltd.
Pitfield, Milton Keynes, MK11 3LW, UK
UKHW020312230726
13925UKWH00002B/367

9 782013 616140